VOCI

a mia moglie Graziella
che mi aiuta a pensare

Lamberto Maffei

Elogio della parola

il Mulino

I lettori che desiderano informarsi sui libri e sull'insieme delle attività della Società editrice il Mulino possono consultare il sito Internet: **www.mulino.it**

ISBN 978-88-15-27910-1

Redazione e produzione: Edimill srl – www.edimill.it

Finito di stampare nel luglio 2018 presso la Tipografia Casma, Bologna.
Stampato su carta Munken Print Cream di Arctic Paper, prodotta nel pieno rispetto del patrimonio boschivo

Indice

Ringrazio sentitamente mia moglie Graziella che con grande pazienza ha condiviso ogni singola riga di questo testo, correggendomi pensiero e lingua. Ringrazio inoltre Daniele Malaguti che mi ha incoraggiato a scrivere questo saggio, suggerendo cambiamenti e letture.

Presentazione

Chi abbia ascoltato qualche lezione di Lamberto Maffei o ne abbia letto i saggi rivolti a un pubblico più largo degli specialisti (per esempio *La libertà di essere diversi*, 2011, *Elogio della lentezza*, 2014, *Elogio della ribellione*, 2016), ha familiarità con un concetto: la cultura è sempre cultura umanistica, quale che sia il tema di volta in volta affrontato, si tratti di arte o di biologia; e il punto di partenza è sempre il cervello («La cultura, vi piaccia no, è cervello» è per l'appunto il titolo dell'ultimo capitolo). E l'ascoltatore o il lettore sono abituati a uno stile inconfondibile: leggero senza essere mai corrivo e non di rado imprevedibilmente ironico; così, illustrando un'argomentazione centrale di questo libro, quella per cui il linguaggio verbale, dotazione caratteristica della nostra specie, è «una stringa di parole legate dalla ragione», si aggiunge una postilla sorniona sul linguaggio dei politici, proteso alla poco nobile operazione di «acchiappaconsensi» o «acchiappacitrulli», che sembra smentire un tale assunto.

Al centro di questo saggio è la parola, vista in tutte le sue implicazioni, a partire da quelle neurobiologiche, che sono trattate nel capitolo I («Il linguaggio della parola»). La comparsa del linguaggio negli esseri umani è legata alla costruzione di quella che noi chiamiamo «civiltà»: una costruzione «innaturale» perché al di fuori delle leggi di sopravvivenza che governano la vita animale, condizionate dalla ricerca del cibo e dalle dinamiche riproduttive. La parola, dunque: quella che ciascun bambino acquisisce con una sicurezza crescente e con una padronanza completa nelle prime fasi della vita e che riscatta la caratteristica di «prole inetta» – incapace di provvedere a sé stessa appena venuta al mondo – che il piccolo dell'uomo condivide con gli altri primati. Tanto più clamorosa, questa acquisizione, se riflettiamo al fatto che, oltre alla madrelingua, il bambino nei primissimi anni di vita, se esposto ad altri stimoli linguistici (tipicamente, il figlio di genitori di lingua diversa), è in grado di imparare perfettamente due idiomi, anche molto differenti tra loro per suoni e tipologia.

Ma la parola è una facoltà che va coltivata e affinata per tutta la vita. Nei capitoli III e IV («Educare alla parola», «Innovazione o involuzione?») Maffei punta l'obiettivo sulla scuola e sulla necessità di «ritornare a parlare». La svolta digitale è irreversibile, ma comporta, specie in bambini e adolescenti in quanto individui psicologicamente più fragili, il rischio della chiusura in sé stessi: da strumento per conoscere il mondo lo smartphone diventa una prigione, una condizione di vita artificiale in cui, proprio come può avvenire per i carcerati o gli internati, si impongono attività compulsive. La «scuola della parola» è la scuola «dell'emisfero cerebrale del linguaggio, quello della razionalità», la scuola della riflessione, che insegna a «riflettere prima di decidere, e pensare prima di credere» e ad alimentare il dubbio, «compagno fidato anche se inquietante del ragionamento».

La parola è certamente quella della cultura scritta, dai grandi classici agli interventi di saggisti e di bravi giornalisti sui grandi temi della società, ma è ancora prima la parola spesa nel concreto scambio con i coetanei, con gli insegnanti e con i genitori (senza escludere il «colloquio con sé stessi», come si osserva nel capitolo V, «Il buon governo»). Imparare a discutere, a formarsi un'opinione, a verificarne la tenuta in base all'evidenza argomentativa o sperimentale, a confrontarsi continuamente con gli altri è l'obiettivo più alto e più importante che la scuola deve porsi; un obiettivo arduo ma possibile perché, come osserva Maffei riprendendo una bella immagine di Montaigne, il giovane «è un fuoco da accendere di entusiasmo».

Ogni lingua interpreta il mondo in modo diverso; e uno dei rischi della globalizzazione è quello di introdurre l'idea che le differenze siano un ostacolo da rimuovere, un intralcio alla comunicazione piuttosto che uno stimolo ad affacciarsi su realtà altre. L'inglese *globish*, con le sue 1.500 parole, utilissimo negli scambi internazionali e nella comunicazione tecnico-scientifica, «potrebbe non essere un fattore di integrazione culturale dell'Europa», perché rischia di essere «una lingua di mercato, propria di una nazione che ha scelto di non fare più neanche parte dell'Europa» (cap. II, «Verso una lingua unica»).

Anche il confine tra razionalità e irrazionalità va messo in discussione, non foss'altro perché c'è una comunicazione costante tra i due emisferi attraverso i 200 milioni di fibre nervose che formano il corpo calloso. Nel capitolo VI («Questo non è un cervello») si parte da un celebre dipinto di Magritte, la riproduzione iper-realistica di una pipa, con la didascalia apparentemente fuorviante «Ceci n'est pas une pipe». Ma, a ben riflettere, la didascalia contiene un dato di fatto: con la pipa di Magritte non possiamo fumare. L'immagine visiva, come un enunciato linguistico, non si identifica con la realtà, è una sfida per interpretare alla luce della ragione il senso di un messaggio in apparenza assurdo, ma che rappresenta un «pensiero razionale in fermento».

Il capitolo più ampio di tutto il libro, il VII («Guardare vedere parlare»), torna su uno degli assunti centrali del saggio che è anche, come si accennava in apertura, un tema ricorrente dell'autore. Si vede «con tutto il corpo»: anche il piacere estetico che può dare un'opera d'arte nasce da un meccanismo biologico «che ha la sua base nello sviluppo di mediatori chimici», ma che dipende dallo stato biofisico del soggetto. Chi è di cattivo umore o sofferente di qualche disturbo resta inerte di fronte al quadro o alla scultura prediletti, perché «il vero piacere è intellettuale cioè corticale».

Non sono molti i libri in cui uno scienziato voglia e sappia rivolgersi anche a lettori profani: la scarsa educazione scientifica degli italiani (con tutto quello che ciò comporta, anche in termini di mancato filtro delle imperversanti fandonie, o come si dice più pudicamente delle *fake news*) dipende anche da questo. E avere scritto un libro così è un merito civile che si aggiunge a quelli più propriamente intellettuali di Lamberto Maffei.

LUCA SERIANNI

Lamberto Maffei

Elogio della parola

Introduzione

> Non conosco nulla al mondo che abbia tanto potere quanto la parola. A volte ne scrivo una, e la guardo, fino a quando comincia a risplendere.
>
> Emily Dickinson

La parola che salva

C'era una volta un sultano che, come si narra nelle *Mille e una notte*, andò su tutte le furie perché la moglie, donna desiderosa di esperienze non riferibili, approfittando della sua assenza, l'aveva tradito insieme alle sue amiche, derivandone grande piacere. Egli, anche per la vergogna di eventuali protuberanze frontali, concepì odio per lei e meditò una punizione adeguata, tanto che la fece prontamente decapitare. Il sultano cominciò ad odiare anche tutte le altre donne e, seguendo criteri di giustizia molto personali, ordinò che ogni notte gli fosse portata una vergine per congiungersi con lei e deflorarla e poi farla decapitare al mattino seguente.

La storia proseguì per molti anni con soddisfazione del sultano ma non delle sue notturne concubine finché Shahrazad, fanciulla di rara bellezza e intelligenza, si offrì come vittima con un piano coraggioso per interrompere la strage delle vergini.

Giacque col re ma poi, con uno stratagemma, cominciò a raccontargli una storia che interruppe allo spuntar dell'alba, prima della prevista decapitazione.

La storia era così interessante e avvincente che il re rimandò al giorno dopo l'esecuzione per ascoltarne la fine. E così per anni… finché nacque il vero amore, e con questo le nozze.

Si racconta che la prima notte, dopo il sesso, Shahrazad cominciò così il suo racconto:

> Sire, c'era una volta un mercante che possedeva molti beni, sia in poderi, sia in mercanzie e denaro contante. Egli aveva molti commessi, fattori e schiavi […]; ogni tanto, era costretto a compiere viaggi per incontrarsi con i suoi corrispondenti. Un giorno che un affare importante lo chiamava in una località alquanto lontana da quella in cui abitava, salì a cavallo e partì portando con sé una valigia nella quale aveva messo una piccola provvista

di biscotti e di datteri, dovendo attraversare un paese deserto, dove non avrebbe trovato di che vivere.

Shahrazad rappresenta il trionfo dell'astuzia di una donna che, con le sottili armi dell'intelligenza e del fascino della parola, riesce ad esercitare il suo dominio sull'uomo salvando sé stessa e con lei tutte le vergini del paese. Shahrazad non vince con le armi del fascino del corpo o con le dolcezze dell'amplesso, ma con la parola, con il racconto, con storie, favole che la necessità le fa inventare abilmente ogni notte.

In un mondo, allora ancor più di ora, dominato dagli uomini, la parola vince l'ingiustizia, il sopruso del dittatore, ricorrendo non al gioco animale dei sensi, ma a quello della ragione, e la donna ne esce vittoriosa.

È il fascino del racconto, e noi tutti sappiamo come sia importante, stimolante, liberatoria dalla realtà quotidiana la lettura di un libro, che diventa amico, suggeritore di pensieri e di idee. La lettura, a mio parere, è conversazione: il lettore finisce col parlare con i suoi personaggi, così che quando sei con un buon libro non ti senti più solo.

Sono ricorso alle *Mille e una notte* per tentare un'accorata difesa della parola, del linguaggio della parola, convinto che l'uomo, la sua unicità e la sua civiltà siano espressi da una stringa di parole che la ragione infila nella collana della storia. Ogni uomo è il suo racconto, fosse anche solo quello che fa a sé stesso, un granello di polvere della storia.

L'occupazione delle mani e la tribù della gente a testa china

L'uomo ama tenere le mani occupate; in anni passati la sigaretta dominava questa abitudine, e la punta delle dita ingiallite, indice e medio della mano destra, ne erano dimostrazione; io per esempio avevo sempre in bocca la pipa anche se spenta, sostenuta con la mano destra. L'abitudine della sigaretta è fortunatamente alquanto diminuita per paura delle eventuali patologie ad essa collegate; è nata tuttavia una nuova occupazione per le mani: a rimpiazzare il vuoto della sigaretta oggi c'è lo smartphone, che però, oltre alle mani, occupa anche il cervello consentendo lettura, scrittura e invio di messaggi, tweet, video, Facebook, giochi e così via. Non avere un telefonino, ai tempi nostri, è ricercata eccentricità, desiderio di mostrarsi diversi, tatuaggio intellettuale, rivolta contro la moda dominante, più che ricerca di una cultura diversa, o, alternativamente e nella maggior parte dei casi, segno di essere rimasti indietro nella corsa al progresso, rimbambiti dalla vecchiaia.

Occupare le mani, richiamare il lavoro del sistema motorio anche nella sua componente cerebrale, è forse un tentativo di evasione; leggere e scrivere sul telefonino è un esercizio prevalentemente motorio, ed è esperienza comune che quando i muscoli sono molto impegnati diventa più difficoltoso pensare. Se passeggiate può ancora capitarvi di fare una riflessione interessante, di avere un pensiero creativo, ma questo è molto più improbabile se vi impegnate nella corsa. Tendo a concludere che il gioco del pensare e del ragionare ai nostri giorni non è più un intrattenimento piacevole. Usando il linguaggio della politica si potrebbe dire che il potere dei neuroni del pensiero è andato in minoranza, sostituito dal potere dei neuroni del movimento. Sento di appartenere a una minoranza, ma sono contrario alla dittatura dei motoneuroni.

Mentre scrivo, tuttavia, mi sento a disagio perché il mio smartphone suona annunziando messaggi e l'abitudine, divenuta riflesso, mi inviterebbe a prenderlo, leggere, rispondere. Mi trattengo almeno questa volta, anche se con sacrificio, per non essere ipocrita ed essere costretto a confessare che anche io gioco la mia parte nell'uso dei motoneuroni addetti ai messaggi digitali. La moda, l'omologazione del comportamento, essere *à la page,* diventare robotico, sono pensieri che mi offendono purtroppo solo transitoriamente, perché i rinforzi mediatici del consumismo riescono quasi sempre a prevalere. Anche le minoranze, per sopravvivere – magari protestando – salgono sul carro del vincitore.

A proposito degli infaticabili «smartphonisti» ho letto da qualche parte una frase che i cinesi hanno coniato per indicare gli utenti di questi strumenti, frase che li descrive in maniera perfetta e divertente *dī tóu zú* (低頭族), che significa «la tribù della gente con la testa china», in quanto china sul proprio telefonino. Questa tribù può essere anche pericolosa perché i suoi membri, molti dei quali giovani e aitanti, camminano immersi nei loro piccoli schermi: se non fate attenzione, possono investirvi con effetti non piacevoli.

Ad alcune persone anziane, rimaste indietro rispetto al progresso tecnologico, viene talvolta il pensiero (che si guardano bene dall'esternare) che la tribù dei *dī tóu zú* sia composta di persone che soffrono di qualche problema comportamentale. Poiché la tribù rifugge dalla conversazione e dalla lettura di libri e tende ad appartarsi per comunicare solo attraverso lo strumento digitale, vi è chi le diagnostica disturbi di tipo autistico che richiamano la sindrome di Asperger, mentre altri, osservando le fasi eccitatorie che accompagnano la comunicazione digitale, diagnosticano patologie del tutto diverse, da trattare con i tranquillanti.

È da notare che gli smartphonisti solo raramente usano lo strumento per «parlare» con gli amici, con i quali preferiscono comunicare tramite messaggi brevi spesso iconici o altre diavolerie. Forse il tradizionale colloquio a parole, anche al telefono, appare più laborioso e impegnativo e talvolta perfino pericoloso, in quanto nel flusso spesso incontrollato dell'oralità possono sfuggire parole compromettenti in grado di suscitare diffidenza e risentimento nell'interlocutore, mentre il messaggio digitale può essere letto e corretto, ed essere sterilizzato da segnali ridondanti o addirittura compromettenti. Anche nelle conversazioni tra i membri della tribù e perfino in quelle sentimentali, gli smartphonisti alle parole pronunciate preferiscono quelle digitate; prima di dire: «Ti amo», o «Non ti voglio più vedere», o «Passiamo il weekend insieme», pensano che sia meglio passare tutto al vaglio di un minimalismo comunicativo. La digitalizzazione del linguaggio dei sentimenti, ridotto a pochi segnali essenziali, porta a eccessi paradossali: statistiche recenti (su cui torneremo in seguito) riportano che una significativa percentuale di persone prenderebbe in considerazione un rapporto sessuale con un robot, naturalmente opportunamente ingegnerizzato e con un software di tipo erotico.

In questo saggio mi propongo di analizzare l'era digitale per ammirarne le invenzioni e gli indubbi vantaggi che offre alla vita del cittadino, senza però ignorarne gli effetti collaterali sul comportamento soprattutto dei giovani (ma anche degli anziani), fino ad accennare ai possibili eventi patologici che potrebbero esserne conseguenza. In particolare mi preme analizzare e riflettere sulla fuga dalla parola, dalla conversazione, che molte statistiche descrivono come dilagante e non solo nei giovani. Mi viene spontaneo domandarmi cosa accadrà quando i giovani smartphonisti saranno genitori, e non ci sarà più il *buffer*[1], o modulazione mitigante, delle generazioni. Quali modificazioni potranno avvenire nei centri del linguaggio parlato dell'emisfero sinistro del cervello?

In questa parte del cervello – che nei destrimani ospita i centri di ricezione e produzione della parola – si aggiungerà forse un centro per la comunicazione digitale, o questa è in realtà solo un sottoinsieme del linguaggio nel senso tradizionale? Insomma, avverranno cambiamenti strutturali o funzionali nel cervello? L'osservazione sembra rivelare che cambiamenti funzionali sono già in atto (io sostengo che un cambiamento funzionale ha sempre alla base una modificazione transitoria o meno della struttura, in questo caso del cervello) e sarà interessante domandarsi se tutto questo sia un vantaggio o uno spiacevole effetto collaterale.

Note

[1] La parola inglese *buffer*, molto usata in chimica, si traduce in italiano con «tampone».

I.

Il linguaggio della parola

> La relazione tra pensiero e parola è un pensiero vivente di nascita del pensiero nella parola.
>
> Lev S. Vygotskij

La nascita del linguaggio

Considerata nel tempo dell'evoluzione umana, la nascita del linguaggio[1] parlato è assai recente, e comunque non precisata storicamente, anche perché ha avuto presumibilmente uno sviluppo graduale nel tempo e anche nello spazio. Per il linguaggio articolato, dotato di grammatica e di sintassi, la nascita si presume possa risalire a 50.000-60.000 anni fa.

Dante, in una terzina famosa del canto XXVI del *Paradiso*, fa dire ad Adamo:

> Opera naturale è ch'uom favella;
> ma così o così, natura lascia
> poi fare a voi secondo che v'abbella.

La preparazione del linguaggio tuttavia – nel senso dello sviluppo dei meccanismi nervosi che ne stanno alla base – è invece più antica ed è probabilmente frutto della pazienza del processo evolutivo, che ha utilizzato strutture e funzioni di centri cerebrali e di altri organi (ad esempio, organi per la fonazione e la ricezione acustica) presenti anche in altre specie, adattandoli per il linguaggio.

Molti studiosi ritengono che all'inizio sia apparsa una lingua primitiva e che il passaggio da una protolingua al linguaggio della parola come comunicazione possa essersi verificato attraverso una mutazione del gene FOXP2. Le prove suggeriscono che questo cambiamento abbia avuto luogo in un punto imprecisato dell'Africa orientale, all'incirca dai 100.000 ai 50.000 anni fa, e che l'evento abbia apportato cambiamenti significativi rilevabili nei resti fossili.

Molte sono le ricerche degli antropologi fisici e degli psicologi evoluzionisti che mettono in evidenza cambiamenti di morfologia di determinate regioni del cranio in relazione allo sviluppo delle regioni corticali dell'emisfero sinistro del cervello dove risiedono, nei destrimani, i centri del linguaggio (della parola).

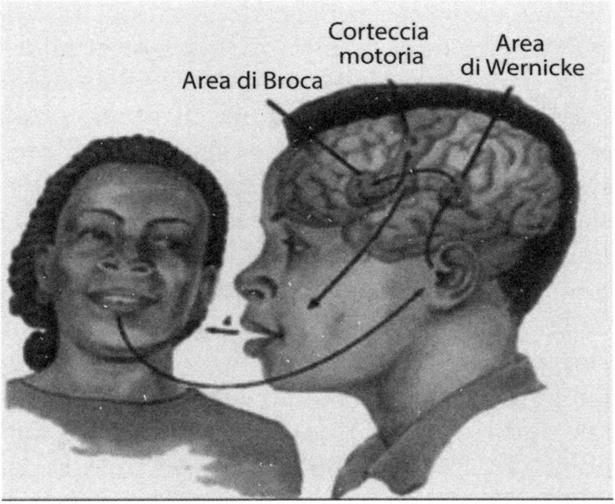

FIG. 1. Le aree cerebrali dedicate al linguaggio.

Tra le tante citerò le ricerche dell'antropologo sudafricano Phillip Tobias che ha trovato nel cranio di *Homo habilis* (che risale a 3 milioni di anni fa circa) impronte riferite a un maggiore sviluppo della parte del cervello corrispondente a quelli che oggi sappiamo con sicurezza essere i centri del linguaggio; questi ultimi risiedono solo nell'emisfero sinistro.

Se ne distinguono due principali: uno, l'area di Wernicke, situata nel lobo temporale sinistro e vicina alla corteccia uditiva (fig. 1), con funzioni principalmente di ricezione e analisi delle parole e la cui lesione provoca afasia sensoriale o uditiva; l'altro, l'area di Broca, posta al piede della terza circonvoluzione dell'emisfero sinistro e la cui alterazione provoca afasia motoria, cioè disturbo dell'articolazione del linguaggio[2]. Questa seconda area deve il suo nome a Pierre Broca, chirurgo e antropologo della Salpêtrière a Parigi, che grazie all'analisi autoptica di pazienti con disturbi del linguaggio localizzò lesioni patologiche nel lobo frontale sinistro, nella zona che oggi porta il suo nome (fig. 2). È famosa la frase con cui egli, nel 1861, sintetizzò le sue ricerche: «Nous parlons avec l'hémisphère gauche» (noi parliamo con l'emisfero sinistro). I centri recettivo e motorio sono collegati da un grosso fascio di fibre, il fascicolo arcuato, che porta le informazioni in entrata, le parole, all'attenzione del centro motorio per eventuali reazioni di risposta (fig. 2).

Nei primi ominidi, per esempio in Lucy, l'australopitecina che risale a più di 3 milioni di anni fa, il cervello pesava circa 500 grammi, molto meno di quello di *Homo sapiens* che pesa in media 1.400 grammi. Il peso del cervello, anche degli uomini più illustri, può variare da

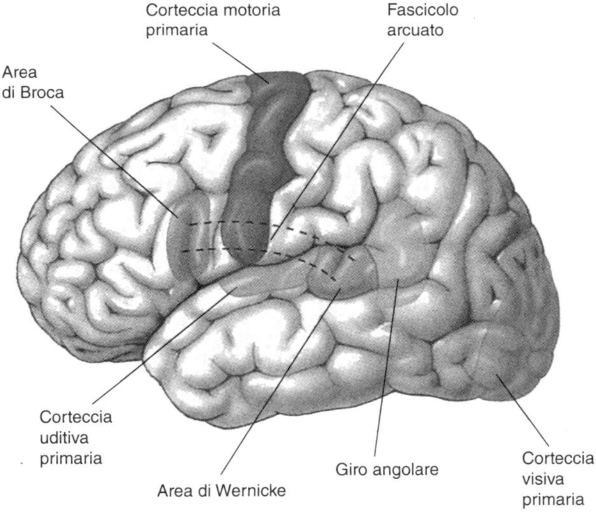

FIG. 2. L'area di Broca, l'area di Wernicke e il fascicolo arcuato: le linee che collegano il centro di Wernicke con quello di Broca rappresentano i 20 milioni di fibre nervose che formano il fascicolo arcuato.

circa 1.100 grammi a 2.000, senza mostrare correlazioni evidenti con le capacità intellettuali.

È verosimile che questi antichi antenati comunicassero principalmente con gesti, che quindi per la ricezione afferivano, come avviene anche in *Homo sapiens*, al sistema visivo.

Il linguaggio implica l'uso di tempi molto più lunghi di quelli impiegati nei messaggi visivi, sia da parte del trasmittente per preparare e organizzare il messaggio, che da parte del ricevente per riceverlo e decifrarlo.

Nasce così un meccanismo cerebrale per pensare, riflettere, ragionare prima di passare all'azione; in una parola, nasce, come ho scritto altrove[3], «la lentezza», che è privilegio e condanna della condizione umana. Mi domando cosa potrebbe implicare tornare a una comunicazione più viva, rapida e meno verbale, forse essere più «animali», ma forse anche meno guerre, meno cemento, meno repressioni e magari la scomparsa degli psichiatri e degli psicoterapeuti.

Solo recentemente, quindi, nel corso dell'ominazione l'emisfero sinistro si è specializzato nel linguaggio, la cui produzione e ricezione sono, per loro stessa natura, processi lenti, tanto che altrove ho chiamato questo emisfero «emisfero del tempo», intendendo il tempo che occorre alle diverse componenti di una frase per diventare un messaggio di senso compiuto[4]. Il linguaggio è alla base della comparsa della razionalità grazie alla quale, anziché mettere in atto reazioni veloci e immediate, si cerca di collegare i fatti alle loro cause e di produrre utili generalizzazioni. Oserei dire paradossalmente che il cambiamento della modalità di comunicazione, che si ha con l'avvento del linguaggio della parola, rappresenta un vero e proprio sconvolgimento dell'evoluzione che, in natura, opera secondo le ferree leggi della sopravvivenza; penso anche che la comparsa del linguaggio abbia dato luogo a quelle modificazioni del comportamento umano che hanno prodotto ciò che chiamiamo civiltà, una costruzione che oso chiamare innaturale in quanto fuori dalle leggi della sopravvivenza. Senza la comunicazione verbale la specie umana avrebbe continuato a sopravvivere come tutte le altre specie. La biologia è dominata da due leggi fondamentali alle quali non si può sfuggire e cioè la sopravvivenza dell'individuo (che è a dire la ricerca del cibo), e la sopravvivenza della specie (che è a dire il sesso).

Il resto, la civiltà, la scienza e anche la poesia sono giochi meravigliosi con i quali gli uomini si illudono di opporsi alla biologia, e che hanno il compito di evitare la noia, a volte la sofferenza del cammino della vita. In fondo il mestiere di un essere pensante ha i suoi lati negativi, in quanto ci fa interrogare su un percorso che si sa finire inesorabilmente. È uno dei casi in cui il sapere non è proprio piacevole e ci vuole una bella dose di pazienza o di false ideologie per ingoiarlo senza mal di stomaco, o per meglio dire senza rivolta che per altro non avrebbe senso, né mezzi per essere messa in atto. *Homo sapiens* deve, come l'ultimo degli esseri viventi, ubbidire alle leggi della biologia ed è per questo che cerca rifugio nella religione, con la speranza di essere diverso e di avere un'anima immortale.

Forse anche nel cammino della vita bisognerebbe andare come semplici animali, senza il pesante bagaglio del sapere del passeggero umano che provoca complicazioni biologicamente inutili, come il desiderio di conoscere la topografia della strada e il desiderio di cambiarla a proprio piacimento.

Gli emisferi cerebrali

Per comprendere l'importanza del linguaggio come rivoluzione nei meccanismi delle reazioni dell'uomo all'ambiente e in sostanza della nascita del pensiero, occorre specificare le proprietà dei due emisferi cerebrali con riferimento alle loro peculiarità, alla luce degli esperimenti che ne hanno dimostrato le caratteristiche funzionali.

Risultati importanti sono stati ottenuti dagli interventi chirurgici di *emisferectomia*.

Questo tipo di intervento chirurgico viene effettuato solo in casi di estrema necessità, in particolare nell'adulto, e cioè in casi di epilessia diffusa ad una gran parte dell'emisfero, di tumori o nella sindrome di Rasmussen[5].

È ormai un reperto ben accertato che, nel bambino sotto i 4 anni, l'emisferectomia sia a destra che a sinistra non causa sintomatologie traumatiche a carico della parola. Nell'emisferectomia a sinistra i centri del linguaggio si assicurano un posto nell'emisfero destro in parti corrispondenti alle localizzazioni dell'emisfero sinistro. In bambini più grandi i sintomi sono variabili da caso a caso e si mostrano più gravi solo nell'emisferectomia a sinistra.

L'emisferectomia nell'adulto è assai più complessa e traumatica nei risultati. Mentre in quella a destra i sintomi cognitivi sono assai lievi e questo tipo di intervento, quando necessario, viene comunemente eseguito con buoni risultati, nel caso dell'emisferectomia a sinistra, se questo emisfero – quello del linguaggio[6] – è quello dominante, i sintomi cognitivi possono essere ingenti e l'operazione viene eseguita solo se estremamente necessaria, limitandosi se possibile solo ad un'esportazione parziale.

Nella normalità queste differenze funzionali dei due emisferi non producono effetti percepibili, anche perché essi sono collegati da 200 milioni di fibre, riunite nel cosiddetto corpo calloso, che in pochi millisecondi trasferiscono l'informazione da un emisfero all'altro. L'interruzione di queste fibre viene talvolta eseguita chirurgicamente per evitare la diffusione di pericolose scariche epilettiche fra gli emisferi.

Lo studio di questi pazienti con cervello diviso (*split brain*) ha fatto conoscere proprietà di fondamentale importanza del cervello umano; in particolare i compiti funzionali, ma anche i caratteri strutturali specifici dei due emisferi.

Bogen, Sperry, Gazzaniga

Mi piace cominciare questa storia affascinante con un cenno ai personaggi che ne sono stati i protagonisti.

Boston, 1984. Sono al MIT per fare una serie di lezioni; leggo in bacheca l'annuncio di un seminario, alle ore 17, preceduto da un piccolo party come d'usanza; conferenziere il professor Joseph Bogen. Frugo nella memoria e trovo che Bogen è neurochirurgo di fama, anche per aver collaborato con Roger Sperry (premio Nobel 1981) sulle diverse proprietà cognitive dei due emisferi cerebrali.

Il professor Bogen a partire dal 1962 si era specializzato nella separazione degli emisferi per sezione del corpo calloso. Questa struttura, come abbiamo detto, è composta da 200 milioni di fibre ed è la principale connessione tra gli emisferi cerebrali. L'operazione viene fatta per attenuare gli attacchi di epilessia che normalmente hanno il loro focus in un solo emisfero ma che, attraverso il corpo calloso, possono diffondersi all'altro.

Operazioni di questo tipo erano state eseguite anche in precedenza per gli stessi scopi terapeutici, ma mai era stato studiato il comportamento cognitivo dei pazienti in seguito all'intervento. L'ipotesi affascinante, anche da un punto di vista filosofico, era la possibilità di esplorare l'esistenza di due cervelli, destro e sinistro, con compiti diversi.

Il professor Bogen e il professor Sperry decisero di collaborare in quest'ambito e i loro risultati sarebbero stati rivoluzionari.

Il professor Sperry affidò la responsabilità di questo esperimento a un suo giovane post dottorando, Michael Gazzaniga.

Il mio interesse era anche sollecitato dal fatto che avevo conosciuto Mike a Pisa, nel laboratorio del professor Giuseppe Moruzzi. L'avevo poi incontrato nuovamente, e frequentato, all'Università californiana di Davis, dove lui aveva fondato e dirigeva il centro di neuroscienze cognitive. Mike Gazzaniga è un gran personaggio, anche fisicamente (quasi 2 metri di altezza), ha un carattere irrequieto ma cordiale ed è molto simpatico.

Il compito affidato a Gazzaniga era quello di esaminare separatamente le funzioni dei due emisferi nei pazienti con cervello diviso, per indagare se ci fossero due coscienze separate, due uomini separati in uno. Risultò che l'ipotesi era in gran parte corretta e oggi sappiamo che i due emisferi, come già accennato, hanno funzioni assai differenti.

Dopo la morte di Sperry, nel 1984, Gazzaniga continuò questi esperimenti nei pazienti *split brain* con grande successo cercando di analizzare i due emisferi separatamente.

Tra i molti esperimenti di analisi separata dei due emisferi ne riporto alcuni esemplificativi.

Se a pazienti con cervello diviso vengono presentate delle immagini nel campo visivo di sinistra in modo che, per l'incrocio delle vie ottiche, esse siano analizzate dall'emisfero destro, i soggetti sostengono di non percepire alcunché; l'emisfero destro è muto, tuttavia riescono a indicare con la mano sinistra, che è sotto il controllo del lobo destro che ha ricevuto l'informazione, l'immagine corretta presentata in una serie di fotografie. È particolarmente pertinente, per capire la funzione dell'emisfero sinistro, una serie di osservazioni sperimentali dalle quali si deduce che l'emisfero del linguaggio è sempre in cerca di una spiegazione linguistica degli avvenimenti, anche in assenza di una necessità logica[7].

Su uno schermo apparivano – per un tempo breve, onde evitare i movimenti degli occhi che potevano spostare l'immagine sulla retina – la parola «sorriso», in posizione tale da essere analizzata dall'emisfero destro di un paziente, e la parola «faccia», in posizione tale da essere analizzata dall'emisfero sinistro. La domanda posta dal ricercatore era: «Dopo la parola "sorriso" (a destra) cosa hai visto?». La risposta del paziente ovviamente era che non aveva visto niente, poiché il cervello destro è muto, dal momento che non ha i centri del linguaggio. Per il cervello sinistro la normale risposta era che aveva visto la parola «faccia». Inoltre il ricercatore chiedeva a quest'ultimo paziente di disegnare ciò che aveva visto. «La sua mano destra, che è controllata dall'emisfero sinistro (per l'incrocio delle vie motorie) – scrive Gazzaniga – disegnava una faccia sorridente, e alla domanda "Perché l'hai fatta così?" la risposta era: "Cosa vuole? Una faccia triste? A chi piacciono le facce tristi?"».

Il cervello sinistro, conclude lo scienziato, cerca di dare spiegazioni razionali del mondo, di interpretarlo. Il ruolo d'interprete del cervello sinistro, dice Gazzaniga, è quello che tutti usano per cercare di spiegarsi ciò che accade, filtrare l'assalto delle informazioni in entrata e costruire narrazioni che aiutano a dar senso al mondo. Questa teoria è chiamata dall'autore *teoria dell'interprete*.

In un altro esperimento, particolare ma assai facile da spiegare, e convincente, venne mostrata al cervello destro l'immagine di una donna nuda a un paziente maschio. La domanda era che cosa vedesse. La risposta, essendo il cervello sinistro, sede dei centri del linguaggio, separato, fu ovviamente «Non vedo niente». Però il paziente diventò irrequieto, rosso in faccia. Gli fu chiesto cosa mai gli succedesse. La risposta fu: «È caldo oggi, perché non accendete l'aria condizionata?». Naturalmente la visione del nudo femminile aveva provocato una risposta vegetativa, ormonale, attraverso le vie fisiologiche collegate col cervello destro.

Un'altra osservazione che indica come il linguaggio della parola abbia preso una posizione direttiva nello sviluppo cerebrale dell'uomo per caratterizzarlo come animale particolare, è quella per cui, se in età infantile, fino a 3-4 anni, cioè in un'età di alta plasticità del sistema nervoso, una lesione traumatica o circolatoria danneggia le aree del linguaggio nell'emisfero sinistro, le funzioni linguistiche si trasferiscono nelle parti simmetriche corrispondenti dell'emisfero destro, come se non si potesse perdere questa caratteristica fondamentale del cervello che è proprietà essenziale di *Homo sapiens*.

La vera rivoluzione evolutiva nel lobo sinistro non è solo il linguaggio, ma i meccanismi nervosi che ne stanno alla base, capaci di generare stringhe di eventi, le parole, legati dalla logica in maniera tale che assumono significato solo se organizzate in una determinata sequenza. Le stringhe di eventi legati tra loro da regole nella loro evoluzione temporale sono la base del ragionamento e contrastano con la comunicazione visiva, dove gli eventi nervosi sono, anziché in serie, in parallelo, in quanto sono trasmessi e ricevuti simultaneamente, tutti insieme. Si potrebbe dire che l'informazione visiva, al contrario di quella linguistica, è atemporale. Queste mie riflessioni sul linguaggio come stringa di eventi legati dalla ragione non sono affatto originali perché già Charles Darwin aveva sapientemente scritto al proposito che

> Non è il solo potere di articolare che distingue l'uomo dagli altri animali, perché, come tutti sanno, i pappagalli riescono a parlare; ma è la sua grande facoltà di poter riunire suoni definiti con definite idee, e questo dipende ovviamente dallo sviluppo delle facoltà mentali[8].

E Virginia Woolf proclamò nell'unica registrazione della sua voce che «le parole appartengono le une alle altre».

Per correttezza mi sembra doveroso aggiungere una nota concernente l'affermazione che il linguaggio sia una stringa di parole legate dalla ragione, perché questa sembra venir meno, particolarmente in tempi recenti, nel linguaggio dei politici, le cui parole sono spesso semplicemente suoni, magari brillanti e sonori legati dalla strategia dell'«acchiappaconsensi», detta anche strategia dell'«acchiappacitrulli».

Pensiero e linguaggio

Tengo nella mia libreria che chiamo dei «VIB» (*Very important books*) un libro molto famoso di Lev S. Vygotskij (1896-1934), profondo quanto affascinante, dal titolo *Pensiero e linguaggio*[9] nella traduzione e con note molto accurate di Luciano Mecacci, che fortunatamente me lo fece conoscere e me lo regalò molti anni or sono.

La trattazione di questo autore russo si svolge con una logica stringente e apre un'illuminante finestra sul tema della relazione tra pensiero e linguaggio e sull'idea che essi nascano insieme e siano legati tra loro come gemelli monoovulari: due esseri da una stessa entità iniziale, che io interpreto come la nascita di *Homo sapiens* e lo sviluppo, nell'emisfero sinistro del suo cervello, dei centri del linguaggio. È difficile sintetizzare il pensiero di Vygotskij senza correre il pericolo di tradirlo; cercherò quindi di riportarlo citando le sue parole e in particolare alcune sue frasi che mi sembrano chiarificatrici.

Egli scrive: «Il pensiero dà significato alla parola che senza significato sarebbe un suono vuoto» e inoltre, per chiarire la sua interpretazione della relazione tra pensiero e linguaggio, si affida a una metafora bella e profonda: «Il pensiero potrebbe essere paragonato ad una nuvola incombente che rovescia una pioggia di parole». Il rapporto tra pensiero e linguaggio è naturalmente un rapporto dinamico, dove le parole esprimono il pensiero ma ritornano su di esso, come è nell'esperienza di ognuno di noi, modulandolo e modificandolo.

Il pensiero, tuttavia, secondo Vygotskij, è un *primum*, un inizio, non si forma dalle parole, non nasce dalle parole: «Il pensiero è un tutto unico, non si forma progressivamente con le parole». Egli cita il caso in cui un oratore può parlare per ore con parole diverse dello stesso argomento, come se il suo pensiero fosse un quadro appeso in un museo che una guida cerca di spiegare verbalmente ai visitatori, dove il quadro, ritornando al paragone dell'autore, è la nuvola, e le parole della guida, la visione e l'osservazione del quadro trasformate in parole, sono la pioggia.

Vygotskij scrive ancora: «La relazione tra pensiero e parola è un processo vivente di nascita del pensiero nella parola». La parola privata del pensiero è una parola morta e il pensiero che non si incarna nella parola resta nebbia, un'ombra.

La parola, attraverso il suo significato, è un mediatore, un traduttore del pensiero.

Il concetto di Vygotskij che il pensiero sia un tutto iniziale, un *primum movens*, è in buona correlazione con la neurofisiologia moderna, che colloca nell'emisfero sinistro (nei destrimani) il pensiero razionale e il linguaggio.

I meccanismi nervosi che sono alla base del pensiero razionale rappresentano il tutto iniziale, il *primum movens*, e le parole che si generano nel centro di Broca, la sua epifania verbale.

Un'afasia del centro di Broca, cioè una patologia che ne altera il funzionamento, provoca la generazione di stringhe di parole senza senso, parole morte, per usare il linguaggio di Vygotskij.

Note

[1] Voglio precisare che il termine «linguaggio», largamente usato anche nei trattati di fisiologia del sistema nervoso dove si descrivono i centri del linguaggio ecc. è del tutto impreciso, perché linguaggio è anche quello dei segni, o quello degli uccelli (per fare solo alcuni dei possibili numerosi esempi) e indica un sistema di comunicazione. Nel caso dell'uomo sarebbe meglio parlare di centri della parola, perché la parola è specifica e propria unicamente della specie umana. Si dovrebbe correttamente dire «linguaggio della parola» e «centri del linguaggio della parola». In questo libro il termine «linguaggio» compare di frequente e, se riferito all'uomo, è da intendersi appunto come linguaggio della parola.

[2] L'afasia (dal greco ἀφασία, mutismo) è la perdita della capacità di comprendere o comporre il linguaggio, dovuta a lesioni alle aree del cervello deputate alla sua elaborazione. Nella dislessia esiste spesso un alterato sviluppo dei circuiti del linguaggio. Risulta anche che il *planum* temporale non è più grande a sinistra come nell'individuo normale. Si nota inoltre che i dislessici spesso hanno attività visuo-spaziali molto elevate, collegate ad alta creatività (Leonardo, Einstein...).

[3] L. Maffei, *Elogio della lentezza*, Bologna, Il Mulino, 2014.

[4] *Ibidem.*

[5] La sindrome di Rasmussen è una malattia infiammatoria neurologica rara, caratterizzata da crisi

epilettiche frequenti e gravi, perdita delle capacità motorie e del linguaggio, emiparesi, encefalite (infiammazione del cervello) e demenza.

[6] Il filosofo Karl Popper e il neurofisiologo John Eccles (premio Nobel 1963) nell'opera *L'io e il suo cervello* (1977) avevano concluso che l'emisfero sinistro dominante è l'emisfero dove si svolgono i processi razionali più sviluppati mentre il destro ha, in questo rispetto, un ruolo minore. Anche i risultati di Gazzaniga (vedi *infra*) sulla base di esperimenti di psicofisiologia approdano a conclusioni simili.

[7] M. Gazzaniga, *L'interprete. Come il cervello decodifica il mondo*, Roma, Di Renzo Editore, 2011.

[8] C. Darwin, *L'origine dell'uomo e la scelta in rapporto col sesso* (1871), Torino, UTET, 1914.

[9] L.S. Vygotskij, *Pensiero e linguaggio*, Roma-Bari, Laterza, 1990.

II.

Verso una lingua unica

> La distruzione del linguaggio è la premessa a ogni futura distruzione.
>
> Tullio De Mauro

La torre di Babele

Più di 2 miliardi di persone parlano inglese e la diffusione di questa lingua è in rapido aumento. C'è la possibilità del ritorno ad una lingua ancestrale come prima della costruzione della torre di Babele, quando l'intervento del Signore per punire l'improvvido, umano tentativo di avvicinarsi al cielo per mezzo della torre, confuse le lingue affinché un popolo non comprendesse più la lingua dell'altro (Gen 11, 1-9).

In certo qual modo si può dire che il Dio biblico, darwiniano *ante litteram*, abbia promosso il diversificarsi delle lingue seguito all'irradiazione della specie umana dal luogo di origine alle altre parti del mondo.

A complemento della narrazione biblica, oggi pensiamo che fattori importanti per la proliferazione delle lingue furono probabilmente le migrazioni e il mutare delle condizioni ambientali e climatiche. In generale, si osserva che le lingue, così come i caratteri somatici, tendono a differire tanto più quanto più grande è la distanza tra i popoli che le utilizzano.

Nel mondo moderno la globalizzazione e l'espandersi degli scambi commerciali, come nuove torri di Babele, sembrano spingere gli uomini a tornare indietro e a riadottare una lingua unica, che renda facile e più spedita la comunicazione tra popoli diversi, spesso lontani geograficamente e linguisticamente.

Questo processo, positivo nelle intenzioni e praticamente necessario, non è però privo di insidie, principalmente per due motivi. Il primo è il rischio che la lingua unica sia imposta da un particolare popolo per ragioni che si rifanno al suo potere economico, politico e militare (questo equivarrebbe praticamente a un'invasione); il secondo è il pericolo della scomparsa o dell'impoverimento delle varie lingue e delle culture che le hanno accompagnate e che stanno alla base delle civiltà fiorite nelle diverse parti del mondo.

Al pari della *specie*, la *lingua* – intendo una particolare lingua nazionale come l'italiano o il francese – è un'entità astratta che muta nel tempo e nello spazio, nell'uso parlato o scritto, e perfino da individuo a individuo. Questa variabilità è irriducibile ed è sostenuta da scambi continui tra lingue diverse; ne consegue che ogni lingua nazionale è un poliibrido e, come per il noto «lussureggiamento degli ibridi» del mondo naturale, è attiva nel generare novità e nel far aumentare la complessità del discorso e del pensiero.

I processi di cambiamento della cultura seguono percorsi simili a quelli della biologia, solo, sono molto più veloci. In biologia come nella cultura, nella scienza come nella filosofia, è dalla diversità che nasce la dialettica e da essa la creatività e il progresso. Alla stregua delle banche genetiche istituite per conservare il patrimonio di variabilità di specie destinate a scomparire, così molti documenti politici come la *Carta europea delle lingue regionali o minoritarie* emanata dal Consiglio d'Europa nel 1992, tutelano, accanto a quella religiosa, l'identità linguistica delle minoranze, minacciata dai meccanismi di esclusione messi in atto dagli Stati-nazione, il cui superamento è il principio fondante dell'Unione Europea[1].

Nel presente contesto, mi riferisco in particolare alle lingue europee, che hanno mantenuto molti mattoni dell'antica torre di Babele nella forma di unità di base del lessico (lessemi) e strutture, conservati come vestigia della lingua antica a marcare la loro discendenza comune. L'origine indoeuropea di almeno 6 gruppi di lingue affini (sanscrito, greco, latino, gotico, celtico e persiano) fu riconosciuta per la prima volta nel 1786 da sir William Jones in un discorso tenuto a Calcutta, alla Società reale asiatica[2].

Nel corso della pianificazione (quasi *more militari*) della torre di Babele moderna, la globalizzazione – che rende nuovamente utile, se non necessaria, una lingua unica –, ci sono state in passato, ma con scarso successo, proposte alternative.

Esperanto

In passato sono state prese in considerazione proposte assai interessanti, come la possibilità di riportare in vita l'uso del latino, che ancora due secoli fa era la lingua usata nelle comunicazioni tra gli eruditi europei. Vorrei ricordare anche la proposta dell'*esperanto*, che mi sembra esemplificativa dell'invenzione – o meglio costruzione – di una lingua comune[3].

Da studente ero stato affascinato dallo studio di questa lingua artificiale internazionale. Nella mia città, Lucca, erano gli anni Cinquanta, si tenevano nel pomeriggio, presso il Liceo classico Machiavelli, lezioni di esperanto seguite da numerosi studenti. Questa lingua era stata sviluppata da alcuni europei e in particolare da un medico polacco, Lejzer Zamenhof, intorno agli anni 1870-80. Ci attraeva l'idea di una lingua artificiale creata dall'uomo per rendere possibile la reciproca comprensione e che questa lingua fosse di tutti e non di un solo popolo: una lingua democratica. Pensavo ingenuamente che ciò avrebbe favorito la comprensione tra i popoli, preservando al tempo stesso la ricchezza e la storia delle diverse lingue europee. Un dono in più che non andava a interferire con l'intimità della nostra lingua. In altri contesti l'uomo ha già creato linguaggi universali, come la matematica per gli scambi scientifici, economici ecc. e la musica come messaggio di gioia emozionale e intellettuale per tutti. L'esperanto, costruito dalle radici di molte lingue, ma in particolare dal latino, e quasi privo delle eccezioni di grammatica, sintassi o pronuncia presenti nelle altre lingue, appariva semplice e facile da imparare. L'invenzione di una lingua artificiale mi appassionava come conquista della ragione.

Globish

In Europa le grandi lingue e la loro storia, che hanno fatto la civiltà dell'Occidente e non solo, stanno cedendo il passo all'inglese e affrontano, mi pare, se non il degrado, un lento affievolirsi, un declino che si accompagna a quello della grande civiltà europea. Ciò comporta indubbi vantaggi, ad esempio nelle disquisizioni scientifiche, economiche e forse anche politiche, per coloro che hanno l'inglese come lingua madre. Nel campo della scienza le pubblicazioni sono praticamente tutte in inglese; nei concorsi universitari quelle in una lingua diversa dall'inglese hanno un valore minore o addirittura trascurabile. Le lingue europee si stanno impoverendo e anche sostenitori accaniti della propria lingua, come i francesi, stanno cedendo il passo all'invasione dell'inglese.

Quest'ultimo però non è la lingua della grande cultura inglese, la lingua di William Shakespeare, Oscar Wilde e Virginia Woolf, ma la lingua dei colonizzati (linguistici) che la balbettano e non ne esprimono la ricchezza originale; l'inglese internazionale è senza dubbio, per i più, una lingua povera, basta ricordare che l'Oxford Dictionary conta 615.000 termini, mentre l'inglese globalizzato si aggira sui 1.500. Esso è parlato da circa 2 miliardi di persone in rapido aumento e tra pochi anni sarà usato da tutti coloro che in qualche modo sono parte attiva del mondo globalizzato. Ritornano alla mente in tutta la loro rivoluzionaria protesta le parole di don Lorenzo Milani: «Finché ci sarà uno che conosce 2.000 parole e uno che ne conosce 200, questi sarà oppresso dal primo. La parola ci fa uguali».

Le lingue dei popoli non sono solo un mezzo di comunicazione, ma portano con sé una ricchezza culturale di tradizioni, di storia che implica un comportamento sociale, un insieme di valori nell'interpretazione del mondo, e sostanzialmente una maniera razionale ma anche emotiva di comportamento che caratterizza e distingue ogni singolo popolo.

Le lingue europee, pur nelle loro diversità, condividevano importanti radici comuni, che erano quelle della «riverenza» verso le culture delle lingue morte – greco e latino – il cui insegnamento era patrimonio e orgoglio intellettuale di ogni persona colta. Tra questo gruppo di persone c'era più Europa decine di anni fa rispetto al tempo presente proprio per l'impoverirsi delle radici comuni. Il latino ha dominato la cultura europea per più di 12 secoli e ha creato indubbi legami di pensiero e di comportamento tra i diversi popoli, anche se questi erano particolarmente rilevanti tra le persone di cultura. Carlo Bernardini e Tullio De Mauro[4] ci fanno notare che in quel periodo non vi era, come nel tempo presente, distinzione tra le due culture, umanistica e scientifica, in quanto i grandi testi della cultura scientifica europea sono stati scritti da Cartesio, Newton, Galilei e Leibniz in latino. Molti con me ritengono che la distinzione tra le due culture, e ancor più tra cultura e scienza (come se la scienza non fosse cultura), è un'aberrazione priva di razionalità.

A mio avviso il cosiddetto inglese *globish*, passepartout al giorno d'oggi utilissimo per l'economia e per le relazioni internazionali, anche scientifiche, potrebbe non essere un fattore di integrazione culturale dell'Europa. Rischiamo di essere uniti da una lingua di mercato, propria di una nazione che ha scelto di non fare più neanche parte dell'Europa.

L'esperanto forse appartiene alla memoria malinconica di anni ricchi appunto di speranze, che sembrano ormai fuori dalle dinamiche del tempo presente, ma la perdita delle radici culturali europee può significare il progressivo annullamento dell'Europa che volevamo costruire. Essere invasi militarmente è tragicamente triste, ma anche essere invasi da una lingua non è allegro, anche se imposto da necessità contingenti. L'auspicio è quello che l'inglese *globish* diventi un dominatore linguistico illuminato, che non impoverisca le altre lingue ma se ne arricchisca prendendone parole, espressioni, modi di dire.

Altri fattori attivi e potenti di impoverimento della lingua sono quelli – anche in questo caso si tratta di una vera e propria invasione – legati alla comunicazione digitale, e coinvolgono tutte le lingue, inglese compreso; l'effetto di impoverimento, come una vera e propria malattia, è più marcato in quei paesi che sono più deboli per cause per lo più legate all'economia, come ad esempio una scuola che non risponde adeguatamente al grande bisogno di preparazione delle nuove generazioni. Tratterò diffusamente più avanti i vantaggi, ma anche i possibili effetti collaterali, non tanto della comunicazione digitale, quanto dell'uso improprio che può esserne fatto.

Riassumendo, la situazione delle lingue madri, con riferimento a quelle europee, è la seguente: gli strumenti della comunicazione digitale, con i loro indubbi vantaggi – e d'altronde scienza e tecnologia costituiscono irrefutabilmente il futuro – ci allontanano dalla ricchezza umana della parola; la lingua internazionale inglese obbliga molti alla povertà del colloquio. Gli europei, così giustamente orgogliosi della propria cultura, della propria storia, della propria civiltà, sono davvero sicuri di voler prendere la via, direi quasi l'autostrada, verso una strumentale lingua «robotica», utile, utilissima, ma algida e anaffettiva?!

Vorrei chiudere questo capitolo con un pizzico di ironia sul desiderio degli italiani di americanizzarsi, di salire sulla scala della civiltà seguendo e cercando di emulare gli statunitensi. Comincerò dall'osservazione di me cittadino che stanco, stravaccato su un divano, dopo una giornata attiva, guarda la TV di intrattenimento.

Scorro i programmi in cerca di film interessanti e in realtà noto che quasi tutte le stazioni TV ne offrono. Procedo con curiosità.

Il primo è un vecchio film americano, un western con Gary Cooper già visto molte volte, un'altra stazione offre un altro film USA con John Wayne, e poi un altro film americano, finalmente un canale è diverso e tratta di cucina, poi ancora un film americano e un altro ancora. Il 90% dei film è targato USA. Resto un po' sconcertato. In verità, è un fatto riscontrabile che questi film dominano di gran lunga nei palinsesti televisivi serali.

Ma perché tanti film statunitensi? mi domando. Non può essere un caso. In cerca di una possibile spiegazione avanzo varie ipotesi: forse i film americani sono i più numerosi o i più tecnicamente avanzati, forse sono i più economici da acquistare, oppure si tratta – talvolta a pensar male ci si imbrocca – di venire incontro ai gusti di un pubblico che desidera conoscere vita e comportamenti dei ricchi cugini americani per emularli, per essere colonizzati non solo linguisticamente, come di sopra accennato, ma anche culturalmente nelle dinamiche sociali.

Noto con preoccupazione che anche nel nostro paese si fa avanti, in modo sempre più pressante, la richiesta del diritto alla difesa armata personale. È facile costatazione che il nostro grado di progressiva americanizzazione aumenta in modo evidente. La maestra TV condiziona desideri e valori e io mi domando se operi consapevolmente con intenti culturali o politici, o altri ancora che io non riesco a comprendere.

Poi, ad un tratto, mi metto a ridere perché mi si affaccia una spiegazione risolutiva ed è Renato Carosone a cantarmela:

> Tu vuo' fa l'americano
> Mmericano! Mmericano
> Ma si' nato in Italy.

Ecco, io sono nato in Italy, e non aspiro ad americanizzarmi, e mi piacciono molto anche i film italiani ed europei.

Note

[1] L. Godard, *La libertà fragile*, Milano, Mondadori, 2012.

[2] L. Cavalli-Sforza e F. Cavalli-Sforza, *Chi siamo. La storia della diversità umana*, Milano, Mondadori, 1993.

[3] Questo argomento è stato trattato anche nel volume sull'Europa dell'Enciclopedia Treccani.

[4] C. Bernardini e T. De Mauro, *Contare e raccontare. Dialogo sulle due culture*, Roma-Bari, Laterza, 2003.

III.

Educare alla parola

> Io credo soltanto nella parola. La parola ferisce, la parola convince, la parola placa. Questo, per me, è il senso dello scrivere.
>
> Ennio Flaiano

Il ciclone digitale

La poderosa e affascinante strumentazione del mondo digitale è in continuo progresso ed è così invasiva, particolarmente nei giovani, da occupare il loro interesse e il loro tempo al punto da distrarli dall'educazione scolastica tradizionale. Ciò pone il problema delle ragioni che provocano questa situazione o, come direbbe un medico, dell'eziologia, della diagnosi e delle possibili indicazioni terapeutiche.

Perché il giovane è così attratto dal suo smartphone o *similia*? La mia risposta è che l'interesse di tutti, e particolarmente dei più giovani per le diavolerie del mondo digitale, dipende dal loro apparire come un gioco, un gioco nuovo, divertente, affascinante, che rappresenta il futuro e che è percepito come vincente su un'istruzione forse datata, nel contenuto e nei metodi di insegnamento, e giudicata non al passo con la velocità e le necessità dei tempi moderni, soprattutto in vista di un inserimento nella società e nel mondo del lavoro.

La strategia del mondo digitale sa imporre così bene il suo progetto da far apparire ogni trend innovativo come partorito dalla stessa comunità giovanile che vuole appunto andare nella direzione che altri, in realtà, hanno stabilito.

Michel de Montaigne (1533-1592) scriveva che il giovane non è un vaso da riempire (di nozioni) ma un fuoco da accendere di entusiasmo, e l'entusiasmo è parente stretto del divertimento, della soddisfazione e della consapevolezza di ricevere un'educazione viva, percepita come interessante e necessaria per la propria crescita. Per questo è molto importante che la scelta dei contenuti e il metodo didattico tengano alto l'interesse, che è la base dell'apprendimento, e l'entusiasmo, che è tipico dei giovani.

Nel nostro paese è in discussione, seguendo l'esempio delle scuole americane e di molte europee, l'uso in ambito scolastico del metodo e degli strumenti del mondo digitale, così attraenti oltre che familiari per i ragazzi. Bisogna rendersi conto che questo fenomeno culturale e commerciale è inarrestabile. È come un ciclone, paradossalmente un ciclone potenzialmente benefico, un uragano: lo si vede già avvicinarsi, se ne conosce la potenza, e quindi non resta che prepararsi per gestirlo in maniera adeguata; questo, nel campo della scuola, significa farne un arricchimento culturale, utile e necessario per tutti, ma in particolare per i più giovani. La discussione sorge sulle modalità di gestione del fenomeno onde, prima di tutto, evitarne possibili effetti collaterali negativi.

Molti, ed io tra questi, sono contrari al fatto che gli studenti portino in classe il proprio telefonino, che nascostamente o anche palesemente viene usato durante le lezioni e che ostacola o almeno distrae dall'apprendimento e approfondimento degli argomenti formativi e cognitivi della scuola, necessari per l'avviamento alla vita sociale e lavorativa.

La «lezione digitale», che sarebbe più opportuno chiamare «laboratorio digitale», in quanto si serve di strumenti, come avviene in un laboratorio scientifico, dovrebbe aver luogo con strumenti forniti dalla scuola. Ogni classe dovrebbe essere dotata di adeguata strumentazione, telefonini, tablet, computer ecc., inabilitati alla comunicazione con l'esterno.

Vi sono anche insegnanti e genitori che sostengono l'inopportunità e quindi il divieto assoluto della strumentazione digitale nella scuola. Questa proposta è, a mio avviso, fuori dalla realtà perché il ciclone digitale arriva comunque, abbatte ogni tipo di ostacolo e inoltre mostra altri rischi, in quanto il divieto odorerebbe di proibizionismo e potrebbe causare paradossalmente un accresciuto interesse per il frutto proibito.

La scuola per aspirare ad essere una buona scuola e preparare un migliore futuro per il paese deve essere prima di tutto seria, impegnativa, curata in tutti i suoi aspetti e dotata dei fondi finanziari per il suo funzionamento. Una cultura in movimento, come l'attuale, richiede insegnanti continuamente aggiornati e motivati nel loro ruolo, finanziariamente e socialmente. In fondo l'insegnante è come un medico, cura la salute intellettuale invece di quella fisica. Un medico che non ha la fiducia e il rispetto del paziente rischia di non essere un buon medico: per l'insegnante i pazienti sono gli studenti e anche i loro genitori, spesso schierati per una protezione troppo amorosa dei propri «bambini».

La scuola della parola

L'istruzione deve affrontare la cultura digitale, ma ovviamente non limitarsi ad essa. Il mondo moderno globalizzato e veloce, con i rischi di superficialità e di errore che inevitabilmente la velocità comporta (come ho discusso altrove[1]), pone sul tavolo il problema dell'istruzione in un quadro profondamente modificato rispetto al passato: conoscenze scientifiche e tecnologiche in rapido sviluppo, ingresso nella scuola pubblica di grandi masse eterogenee per background socioculturale, stili di vita, esperienze vissute, che riproducono nel piccolo mondo della classe le complesse dinamiche del mondo moderno. In un simile contesto il compito principale della scuola rimane, a mio avviso, quello di preparare cittadini critici oltre che informati, consapevoli del proprio diritto a prendere la parola per esprimere il proprio pensiero in un confronto civile con quello dei compagni.

La classe è la palestra ideale per sviluppare questa consapevolezza: la lettura di un testo, una poesia, le pagine dei grandi classici, così come un buon articolo di giornale, e specialmente la discussione dei risultati di un'esperienza di laboratorio, sono occasioni imperdibili per sbarazzarsi del preconcetto avvilente del suddito, che fa dipendere il suo pensiero e il suo comportamento da una qualche autorità. Giovani educati fin da piccoli alla parola, divenuti adulti, dovrebbero essere immunizzati contro l'idea umiliante secondo la quale coloro che gestiscono il potere politico, economico e culturale hanno un cervello migliore, preconcetto del tutto falso con indicazioni spesso del contrario.

E allora? Propongo la «scuola della parola». La proposta deriva dall'osservazione che i giovani sono spesso chini sul loro smartphone e non parlano più, o molto meno, occupati in maniera ossessiva a scrivere e ricevere un'infinità di messaggi. Questa nuova modalità di comunicazione, in voga nelle nuove generazioni, è un fenomeno collaterale negativo dell'educazione digitale che merita una gestione accurata, in quanto non se ne intravedono, almeno al momento attuale, i vantaggi educativi o di altro genere se non, ironia suggerisce, un risparmio delle corde vocali e una modesta diminuzione dell'inquinamento acustico. Si nota invece chiaramente un grave inconveniente e cioè quello di una comunicazione algida, senza il calore del contatto, della vicinanza, della mimica dell'amore o della rabbia.

Può darsi che questa comunicazione robotica abbia i suoi vantaggi, che però restano ancora inespressi. Ma i miopi osservatori del futuro fanno difficoltà a immaginare l'insegnante che comunica alla classe con lo smartphone o con il tablet e si limita ad aggiungere un emoticon per comunicare il suo coinvolgimento nello spiegare il canto di Paolo e Francesca. L'evoluzione ha impiegato millenni a modificare il cervello per fornire la parola all'uomo, che ha poi inventato la scrittura affinché le parole avessero significati permanenti e fossero protesi della memoria, e più recentemente ha inventato il *texting* (cioè mandare messaggi, SMS, col telefonino). Io penso che sarebbe molto utile lasciare, come già detto sopra, lo smartphone a casa e andare a scuola più leggeri di peso e di mente e semplicemente ritornare a parlare. Propongo la scuola della parola, dove argomenti salienti, selezionati dall'insegnante, vengono discussi e dove ognuno è invitato ad esprimere il proprio parere (come in certe terapie di gruppo) e stimolato a produrre una sua opinione in proposito.

L'alunno deve essere protagonista, anche all'interno di un programma d'insegnamento. La conoscenza va conquistata e non assorbita passivamente, ammesso che ciò sia possibile, perché anche se faticosa la conquista induce di per sé soddisfazione, piacere che è basilare rinforzo dell'insegnamento e della conoscenza. È noto che costituisce un grande piacere del cervello riuscire a esprimere un parere personale, una nuova idea che poi può diventare materia di discussione con l'insegnante, con i compagni e con i genitori. L'importanza della discussione costruttiva ha un'antica origine, in effetti. Già Aristotele, e prima di lui Socrate, vedevano nella dialettica e nel dialogo l'origine della conoscenza e gli psicologi, coniando il termine «conflitto sociocognitivo», hanno individuato nell'insegnamento l'importanza del confronto tra alunni per dibattere le idee, e quindi imparare.

Infine, oggigiorno, filosofi e letterati come Martha Nussbaum e Nuccio Ordine hanno mostrato come la cultura umanistica e la scienza dibattuta aiutino a costruire cittadini critici e consapevoli[2]. L'alunno deve costruire la sua conoscenza e insegnare è fare un po' come Michelangelo, scoprire la figura, la forma nascosta, in questo caso le potenzialità conoscitive, a volte anche creative, nascoste nel cervello dell'alunno. La scuola della parola è la scuola dell'emisfero cerebrale del linguaggio, quello della razionalità, è la scuola della riflessione, quella del pensiero lento, direi, quella che insegna che occorre riflettere prima di decidere, e pensare prima di credere.

La ricchezza della lingua, nella storia delle sue trasformazioni, nel suo valore di legame tra i cittadini e nella sua bellezza è componente importante della civiltà di un popolo: è un valore che deve essere curato con passione come hanno fatto e continuano a fare linguisti illustri come Tullio De Mauro o Luca Serianni. La parola, come sottolineato nelle pagine precedenti, è meccanismo del pensiero, è «pensiero vivente» come dice Vygotskij, e il pensiero va formato e curato nella scuola, nella scuola della parola.

Solo la scuola, che accoglie i giovani fin dalla più tenera età, può formare il modo di pensare e di agire. È suo compito e dovere immettere nella società cittadini critici e non sudditi e creduloni. Solo la scuola può insegnare che parlare, confrontarsi, aprirsi al dibattito delle idee, ribellarsi pacificamente deve essere frutto della ragione e non soltanto della rabbia.

Corre il dubbio che l'incuria in cui è lasciata la scuola, nel disinteresse dei governi, non sia casuale ma programmata, perché una buona scuola può far paura a chi ha ingiusti privilegi che non vuole perdere. Sudditi muti, non educati alla parola e al pensiero, sono cittadini funzionali a una democrazia solo di facciata.

Note

[1] L. Maffei, *Elogio della lentezza*, Bologna, Il Mulino, 2014.

[2] M.C. Nussbaum, *Non per profitto*, Bologna, Il Mulino, 2014 e N. Ordine, *L'utilità dell'inutile*, Milano, Bompiani, 2013.

IV.

Innovazione o involuzione?

> Alle volte mi sembra che un'epidemia pestilenziale abbia colpito l'umanità nella facoltà che più la caratterizza, cioè l'uso della parola.
>
> Italo Calvino

L'uomo parola

Se si confrontano le proprietà delle scariche di impulsi nervosi di neuroni umani, registrate nel corso di interventi chirurgici, con quelle dei neuroni del topo, senza conoscerne la provenienza, risulta difficile distinguerle. La struttura e funzione dei circuiti nervosi, la loro biochimica e biofisica è infatti del tutto simile nei diversi animali e di qui la mia ipotesi e convinzione che il linguaggio sia un vero miracolo, una rivoluzionaria epifania che caratterizza il funzionamento cerebrale dell'uomo rispetto a quello degli altri animali.

A mio parere, pur nei limiti del dubbio, compagno fidato anche se inquietante del ragionamento, la parola è un po' la definizione di uomo, e mi azzardo a dire che ragionare è parlare, cioè usare i meccanismi nervosi propri del cervello della parola.

Intendeva forse questo l'evangelista Giovanni nel visionario incipit del suo Vangelo, «In principio era il verbo», Ἐν ἀρχῇ ἦν ὁ λόγος, *logos* che la vulgata latina traduce *verbum*, ma che in greco suona sia «discorso» che «pensiero, ragionamento». Penso che in parole si possano ridurre anche le altre manifestazioni dell'intelletto, come l'arte, includendo quasi per paradosso perfino l'arte visiva.

Comunicazione digitale

I moderni mezzi di comunicazione hanno vantaggi enormi su cui non occorre neppure discutere, vantaggi per la diffusione dell'informazione, per la socialità e di conseguenza anche per la democrazia. Tuttavia anch'essi, come altre grandi innovazioni o i farmaci efficaci, portano con sé effetti collaterali non sempre positivi. Nel caso della comunicazione via strumento, dalla diffusione della TV ai computer o agli smartphone sempre più «furbi» e versatili, essa è accompagnata da un rapido, progressivo impoverimento della comunicazione verbale e della conversazione come occasione di discussione e di relazione sociale.

Corre il dubbio tra gli ostinati sostenitori del linguaggio tradizionale che forse l'impoverimento dell'uso della parola potrebbe portare la specie umana indietro di migliaia di anni, quando la parola non era ancora comparsa, con conseguenze imprevedibili sul comportamento sociale.

Io penso che senza la parola gli uomini sarebbero una delle grandi scimmie, situazione forse non priva di vantaggi: per citarne uno, l'assenza di guerre disastrose combattute con armi sempre più sofisticate.

Il neurofisiologo, davanti all'eventualità della scomparsa progressiva della parola, finirebbe col temere la possibile atrofia dei centri cerebrali del linguaggio nell'emisfero sinistro e il neurologo, di fronte a dati autoptici o di *imaging* (ovvero metodi che generano immagini del cervello in attività) che indicassero atrofia del centro di Broca, potrebbe in futuro trovarsi in difficoltà nell'escludere una diagnosi che veda come eziologia un uso prolungato di strumenti come lo smartphone[1].

La fuga dalla parola, il progressivo allontanamento dalla conversazione, ha radici relativamente lontane, forse, a mio parere, nello sviluppo trionfale della tecnologia, con la comparsa di strumenti di comunicazione sempre nuovi, il cui fiorente mercato ha spostato l'attenzione sull'oggetto di per sé più che sul bisogno di utilizzarlo nel contesto della realtà degli esseri viventi e delle loro relazioni sociali.

Gli oggetti, gli strumenti e il loro possesso sono diventati concettualmente più importanti degli uomini e per di più consentono ad alcuni di esercitare potere su molti.

Italo Calvino nelle *Lezioni americane*, nel capitolo dedicato all'esattezza, scriveva: «A volte mi sembra che un'epidemia pestilenziale abbia colpito l'umanità nella facoltà che più la caratterizza, cioè l'uso della parola, una peste del linguaggio che si manifesta come perdita di forza conoscitiva...»[2].

A me sembra che oggi la malattia sia ancora più grave, in quanto la progressiva scomparsa del linguaggio induce un rivoluzionario cambiamento della comunicazione interumana, e la parola sembra perdere il suo peso conoscitivo ed emotivo.

Calvino ci ricorda con parole profonde il valore del linguaggio quando scrive:

> C'è chi crede che la parola sia il mezzo per raggiungere la sostanza del mondo, la sostanza ultima, unica, assoluta [...] La parola collega la traccia visibile alla cosa invisibile, alla cosa assente, alla cosa desiderata o temuta, come un fragile ponte di fortuna gettato sul vuoto[3].

Mi è sembrato necessario ricordare queste parole dello scrittore vate che, come Pasolini, aveva il dono di vedere il futuro.

Nei giovani e anche nei bambini la drastica diminuzione verbale è assai evidente. Mi raccontava un'insegnante delle scuole elementari che il suo problema era di far parlare i bambini, perché essi erano per lo più taciturni, come se avessero perso l'esercizio della parola. Il prolungato uso dello smartphone del bambino e quello dei genitori, e la conseguente scomparsa della conversazione sono additati dagli insegnanti come causa di questa afasia del bambino. Ho verificato poi con altri insegnanti che questo tipo di situazione è assai normale. Si ventila di usare in classe lo smartphone come mezzo didattico, d'altronde è già usato anche in alcune chiese come Bibbia digitale. Io penso che il risultato sarebbe quello di far concentrare perennemente la mente del ragazzo sullo schermo, diminuendo l'attenzione verso scienza e cultura. Scriveva Voltaire che «le secret d'annuyer est celui de tout dire» e forse anche il segreto per addormentare il cervello è quello di impegnarlo in molteplici simultanee informazioni.

L'uso della comunicazione digitale, in pratica dello smartphone, può superare, come risulta dalle statistiche, le 6-7 ore al giorno e di conseguenza influisce sullo stile di vita del giovane e probabilmente anche sulla pianificazione del suo futuro. Sherry Turkle, psicologa al MIT, nel suo interessante libro *La conversazione necessaria*, riporta che i giovani consultano, a iniziare dal momento in cui si svegliano, il loro cellulare una media di 220 volte al giorno, e ogni volta per 4-5 minuti. Il titolo del libro invoca la terapia e cioè il ritorno alla parola orale.

La comunicazione digitale, oltre a diminuire il «parlare», riduce altre vie di comunicazione diretta quasi istintuale, come quelle tattili, le carezze che portano spesso messaggi più diretti, sinceri, più animali, direi, e che sono stimoli benefici per chi li riceve. L'abbracciarsi vuol dire non esser più soli; e anche non essere più soli per pochi momenti, quelli dell'abbraccio, fa bene più di centinaia di messaggi di *texting*. I recettori del tatto, delle mani, delle labbra, di tutto il corpo, così ricchi di potenziale comunicazione, non possono essere ridotti alla carezza dello schermo dello smartphone.

Nel periodo della globalizzazione, del trionfo delle comunicazioni digitali di tutti con tutti, tanto diffuse da generare sorpresa per la capacità del cervello di produrre e ricevere una così grande mole di messaggi, diventa interessante riflettere su come un cervello sottoposto a miriadi di messaggi possa ancora generare pensiero creativo.

Tuttavia sono sicuro che grandi artisti come Picasso, Cézanne o Michelangelo, catapultati nel nostro tempo, si sarebbero bellamente infischiati dei continui messaggi digitali e avrebbero creato comunque le loro opere immortali. Vedo con grande interesse le produzioni artistiche digitali e certamente mi aspetto la comparsa di grandi opere anche da questo mondo. Le grandi menti hanno il dono di saper selezionare!

La signora si era alzata nella piccola platea di 10 persone, costituita, se ben ricordo, da 7 donne e 3 uomini. L'età del gruppo variava tra i 70 e gli 85 anni. Vi era un signore che si vantava di fare ancora la maratona. La salute fisica dei partecipanti sembrava assai buona: i medici avevano assicurato che il loro cuore funzionava egregiamente e che l'apparato motorio era soddisfacente. Si trattava di una platea del tutto particolare e si notava che era intrattenuta e guidata da due giovani psicologi. Era, in verità, una seduta terapeutica per pazienti (circa 10 alla volta) MCI (Mild Cognitive Impairment), cioè persone fisiologicamente sane ma con qualche disturbo cognitivo non grave, soprattutto della memoria spaziale: per esempio presentavano difficoltà di orientamento nel trovare una strada una volta ben nota o addirittura la strada di casa, come era stato talvolta il caso del signore maratoneta, apparentemente in una forma fisica perfetta.

Accurati test, psicologici e non solo, avevano catalogato queste persone tra quelle ad alto rischio di cadere col tempo nella tragedia della demenza senile.

Lo scopo terapeutico era ed è quello di prevenire o almeno rallentare il declino cognitivo.

La donna che si era alzata era una casalinga di campagna rimasta sola, ma in contatto con figli ora abitanti in altre località e comunque impegnati nel loro lavoro.

La cosa che mi colpì in particolare fu che questa signora, e in generale molte delle centinaia di persone nella stessa situazione, se invitate a parlare, dopo momenti di iniziale timidezza, tendevano a parlare all'infinito, tanto che occorreva intervenire e distrarle per potersi occupare degli altri pazienti. Questa donna raccontava che la sua passione erano la cucina e la preparazione del pranzo e della cena per la sua famiglia e ne raccontava i dettagli con entusiasmo; le parole semplici, anche dialettali, sgorgavano veloci come in una favola.

Capii, o meglio dovrei dire mi parve di capire, che queste persone rimaste sole, o prevalentemente sole, avevano tanta voglia di parlare, come avessero un magazzino di parole non dette, accumulate nel silenzio della solitudine, e le parole non dette si erano accumulate nel petto, o da qualche parte del corpo, e volevano venir fuori, come si fossero liberate, con sollievo, e che questo era già, lasciatemi dire, medicina.

Devo anche chiarire che le persone delle quali riporto il comportamento erano di varie classi sociali, ma in prevalenza di classe non privilegiata con media o anche scarsa istruzione.

Il cervello per ben funzionare ha bisogno di stimoli che attivino il suo metabolismo come del resto è il caso di tutti gli organi e tessuti: esempio ben noto i muscoli, che se non sono esercitati si inflaccidiscono e funzionalmente perdono forza e agilità. La parola, il comunicare sono uno stimolo principe per la salute del cervello. Purtroppo molti anziani riducono le loro comunicazioni, in particolare quelle in famiglia. La condizione che si verifica è che l'anziano resta di fatto senza famiglia, perché i più giovani abitano in altri posti, città, paesi, continenti; inoltre vi è un altro fattore che spesso non viene considerato: il drastico cambiamento del linguaggio indotto dalla rivoluzione tecnologica. Se i più giovani, figli e nipoti, in famiglia, sono chini sul loro telefonino, sul loro computer e usano nuove parole come Tweet, WhatsApp ecc., l'anziano non capisce, non sa usare i nuovi mezzi di comunicazione digitale e gli è difficile aggiornarsi, non parla o parla meno e soprattutto nessuno gli parla se non con frasi routinarie che non sono molto stimolanti per il cervello. «Come stai, nonno?». Solitudine di contatti e di parole. Io credo, anche se ne ho esperienza basata sull'osservazione di molti pazienti, ma non dimostrazione sperimentale con i necessari controlli, che la solitudine dell'anziano possa favorire o accelerare il suo declino cognitivo. Ricerche sperimentali sugli animali di laboratorio dimostrano che ratti messi in ambiente impoverito, cioè povero di stimoli, diminuiscono le loro possibilità di reazione all'ambiente. Anche nell'uomo, in esperimenti di deprivazione sensoriale o motoria sono evidenti disturbi motori o cognitivi[4]. È significativo ricordare che nell'allenamento dei pazienti era importante presentare esercizi motori e cognitivi in cui il paziente avrebbe avuto successo. La soddisfazione di riuscire, per dir così, a vincere la difficoltà, è stimolo estremamente positivo per il cervello.

L'attività del cervello sta nel pensare, ma solo nel fare esso trova la sua ricompensa emotiva, come dice Dante nel XVIII del *Purgatorio*:

Ogne forma sustanzïal, che setta
è da matera ed è con lei unita,
specifica vertute ha in sé colletta,
la qual sanza operar non è sentita,
né si dimostra mai che per effetto,
come per verdi fronde in pianta vita.

Anche curarsi del prossimo, come in molte forme di volontariato, oltre che al prossimo fa bene a sé stessi; anche la carità e il liberarsi dei beni terreni e dare tutto ai poveri come fece Francesco d'Assisi possono essere forme fisiologiche, alcuni direbbero sante, di euegoismo che aiutano a vivere.

Esistono tuttavia comportamenti radicalmente diversi, subdolamente teorizzati dal liberalismo più sfrenato: prendere invece che dare, usurpare e sfruttare il prossimo a proprio vantaggio.

Dal punto di vista della salute del cervello anche questa attività è tuttavia positiva in quanto lo sfruttatore, il padrone, si costruisce una giustificazione razionale del suo operare: farà vivere agiatamente la sua famiglia, creerà nuovi posti di lavoro, distribuirà ai poveri quello che trabocca dal suo bicchiere. Il desiderio del padrone è quello di essere applaudito e ringraziato per il dono di queste briciole, e così la sua coscienza si tranquillizza e la sua salute ne trae vantaggio. Così accade nel film di Mario Monicelli *Il marchese del Grillo* (1981) in cui Alberto Sordi getta monetine dal terrazzo del suo palazzo ai suoi lavoranti che, numerosi, le raccattano e ringraziano.

Dio, se esiste, piange e prepara anche nella sua infinita misericordia gironi infernali.

I pazienti dei quali riferivo sopra amavano ritrovare la vita di gruppo, un dialogo e qualcuno che li ascoltasse e che si curasse di loro.

La parola detta o ascoltata può essere terapia efficace. Questo programma di terapia della demenza ha avuto successo, rallentando in maniera significativa il declino cognitivo di tali pazienti[5]. L'amore di per sé è già terapia. Ciò è sempre vero, ma in particolare nelle malattie del declino cognitivo e nell'accompagnamento del prossimo nel sentiero con la freccia del senso unico verso la fine della vita.

Note

[1] S. Turkle, *La conversazione necessaria. La forza del dialogo nell'era digitale*, Torino, Einaudi, 2016.

[2] I. Calvino, *Lezioni americane. Sei proposte per il prossimo millennio*, Milano, Garzanti, 1988, p. 58.

[3] *Ibidem*, p. 74.

[4] Negli anni Cinquanta e Sessanta sono stati condotti molti esperimenti di deprivazione nell'uomo, di ordine percettivo o motorio. Le deprivazioni potevano essere di alcune ore oppure di giorni, fino a una o due settimane. I soggetti mostravano disturbi cognitivi come allucinazioni di tipo visivo o auditivo, alterazioni dell'elettroencefalogramma e altri sintomi causati dalla deprivazione. Per una panoramica di tutti questi risultati, spesso discordanti, si può consultare un testo edito da uno dei principali ricercatori nel campo, J.P. Zubek, dal titolo *Sensory Deprivation: Fifteen Years of Research*, New York, Appleton Century Crofts, 1969.

[5] I risultati sono pubblicati in L. Maffei *et al.*, *Randomized Trial on the Effects of a Combined Physical/cognitive Training in Aged MCI Subjects: The Train the Brain Study, Train the Brain Consortium, Scientific Reports di «Nature»*, 2017.

V.

Il buon governo

> Non c'è nulla che sia più ingiusto quanto far parti uguali fra disuguali.
>
> Don Lorenzo Milani

Corsi e ricorsi

Le trasformazioni di molti sistemi naturali verificatesi nel corso dei secoli, talvolta dei millenni, sono state ricostruite da studiosi di varie discipline scientifiche. Non di rado i parametri analizzati presentano un andamento altalenante che, nel breve periodo, ha per molto tempo mascherato la storia evolutiva del sistema, portando acqua al mulino dell'interpretazione meccanicistica della «macchina del mondo» di newtoniana memoria.

Al contrario, la storia dell'uomo, sia quella collettiva che quella individuale, è stata quasi sempre letta in chiave evolutiva e descritta in termini di progresso, da forme di organizzazione e di consapevolezza più primitive a forme più complesse.

È solo nell'Ottocento che idee evoluzionistiche fanno il loro ingresso anche nelle scienze della natura, prima in geologia (il *deep time* di Hutton), poi in biologia (*L'origine delle specie* di Darwin) e da ultimo in fisica (il secondo principio della termodinamica e la freccia del tempo).

A ben vedere anche la storia dell'uomo, benché chiaramente segnata da un aumento dell'organizzazione sociale, ha presentato, sotto vari aspetti, oscillazioni, ben sintetizzate dal concetto di «corsi e ricorsi» di Gian Battista Vico: periodi di carestia seguono periodi di abbondanza come le sette vacche grasse e le sette vacche magre nel sogno biblico del faraone; periodi di guerra si alternano a periodi di pace; grandi rivoluzioni sono seguite da periodi di riflusso, quando non da vere e proprie restaurazioni dello *status quo*; periodi in cui la popolazione di determinate regioni cresce vengono interrotti da improvvisi cali demografici.

È come se questi sistemi, produzione di risorse, rapporti tra le nazioni, assetti politici, demografia ecc., avessero in sé capacità autolimitanti che impediscono di raggiungere livelli estremi, incompatibili con il buon funzionamento del sistema.

L'andamento oscillatorio, pur sullo sfondo di una continua ma lenta crescita, della popolazione europea negli ultimi secoli, così come è stato ricostruito dai demografi, cambia drasticamente con l'avvento della prima Rivoluzione industriale (inizio dell'Ottocento) quando il numero degli abitanti del vecchio continente mostra un'impennata che a tutt'oggi non trova correttivi sostanziali (dai 370 milioni del 1850 si passa ai 740 milioni del 2000). Questa crescita demografica senza limiti risulta attualmente ancor più drammatica a livello mondiale, con proiezioni allarmanti per il futuro.

Io però vorrei soffermarmi su un processo particolare che caratterizza la modernità, quello del mercato e del consumismo condizionato dalla globalizzazione che, alla stregua della crescita della popolazione, non sembra trovare correttivi, con effetti ben evidenti e secondo alcuni drammatici sulla vita sociale e sul comportamento del singolo individuo.

Globalizzazione senza fine

La globalizzazione rappresenta una vera e propria rivoluzione nella storia dell'umanità. Essa non subisce contraccolpi, correzioni, ripensamenti, aggiustamenti come è avvenuto per le Rivoluzioni russa o francese. La globalizzazione è in pieno, dinamico svolgimento e progressione: ha cambiato le relazioni internazionali, sociali, economiche e anche i comportamenti umani, i desideri e persino i rapporti familiari e il linguaggio.

La possibilità di comunicare con tutti via strumentazione digitale ha penalizzato la parola, la conversazione e paradossalmente anche il colloquio con sé stessi, la riflessione e, lasciatemi dire, l'eleganza del pensiero e la dialettica costruttiva con l'interlocutore.

La globalizzazione non è nata da una rivolta popolare o militare; ha un'origine nuova, storicamente originale: nasce dall'uomo ma in maniera indiretta e forse anche non prevista e cioè dallo sviluppo della tecnologia delle comunicazioni. È diventato facile ed economico comunicare con tutti, un grande mercato globale delle merci, del pensiero, delle idee e anche dei sentimenti con una tendenza all'omologazione generale, particolarmente nel mondo occidentale. L'omologazione vede la scomparsa o l'annacquamento di politiche di sinistra o di destra, divenute estremamente simili tra loro in quanto dipendenti entrambe da sistemi di comunicazione invadenti e controllate dal mercato.

La rivoluzione della globalizzazione in quanto rivoluzione tecnologica è fuori controllo, perché non si può fermare lo sviluppo della scienza di cui la tecnologia è figlia, e avanzerà con grande successo. Si pensava che la globalizzazione avrebbe portato un mondo migliore, dove non ci fossero più barriere, un mondo più giusto e più bello. Io, con lo scrittore José Saramago, ero a favore di una globalizzazione che potesse «portare pane per tutti», più giustizia sociale, una vita migliore.

Ma non è stato così, le disuguaglianze sono aumentate, e i conflitti tra le nazioni sono diventati conflitti economici, per la conquista di piazze di mercato, accompagnati non di rado da vere guerre guerreggiate.

Negli esseri viventi, che possiamo considerare «sistemi» biologici, il buon funzionamento dell'organismo è assicurato dalla capacità di mantenere relazioni «ordinate» tra le diverse componenti e quindi un'organizzazione interna. Ciò si realizza attraverso strategie severamente selezionate dall'evoluzione le quali, per lo più con un costo energetico, assicurano la costanza di alcuni parametri fondamentali, che tuttavia oscillano dentro valori che chiameremo sogliari. Ad esempio, nell'uomo, la glicemia è mantenuta entro valori normali da complesse relazioni che coinvolgono molti organi e in particolare il pancreas e il fegato; così pure il funzionamento del cervello è regolato da una saggia bilancia tra eccitazione e inibizione, per cui se un neurone, o un gruppo di neuroni, eccede nella scarica di impulsi nervosi fino a generare patologie, come un tetano muscolare (contrazione duratura del muscolo) o una scarica epilettica, entra automaticamente in funzione un circuito inibitore che riporta la scarica a valori normali.

Nel suo divenire ontogenetico – nascita, crescita, morte – l'organismo va incontro anche a situazioni patologiche, le malattie, che consistono in un alterarsi delle relazioni di controllo tra i suoi organi o con l'ambiente; esse possono essere superate da meccanismi interni, come le difese immunitarie, o da correttivi esterni, come la somministrazione di antibiotici, che ripristinano lo stato di buona salute. Anche la vecchiaia di un organismo è un processo di progressiva alterazione delle relazioni interne, talvolta così lento da essere poco apprezzabile; l'alterazione può spingersi, e di solito si spinge, fino a produrre disordini funzionali così gravi da determinare la morte, uno stato in cui le parti elementari, che in vita lavoravano armonicamente coordinate, perdono la loro ordinata organizzazione e cadono in uno stato caotico irreversibile di disordine, che è quello verso cui ogni sistema tende spontaneamente e irreversibilmente quando è lasciato a sé stesso, in balia delle leggi fisiche che regolano tutti i processi di trasformazione secondo un'ineludibile freccia temporale.

I fisici hanno affrontato il problema delle trasformazioni (a partire da quelle di grande utilità pratica del calore in lavoro) e sono giunti a formulare leggi generali per tutti i processi termodinamici, quelli biologici compresi, introducendo una grandezza di non facile comprensione, l'entropia, che, con buona pace degli studiosi, valuta il grado di disordine di un sistema in trasformazione. In assenza di interventi correttivi capaci di introdurre nel sistema nuova energia dall'esterno, un processo termodinamico, che è un po' come dire una trasformazione, è accompagnato da un aumento di entropia ed è irreversibile.

Il corpo umano è stato spesso assunto a metafora del corpo sociale: reso celebre da Tito Livio (*Ab Urbe condita*) è l'apologo con cui Menenio Agrippa, nel 494 a.C., si rivolge ai plebei in rivolta, e che si conclude con le parole: «Sic senatus et populus quasi unum corpus discordia pereunt concordia valent» (Così il senato e il popolo, quasi come un unico corpo, in discordia periscono, in concordia godono di buona salute).

Infatti anche una società umana è un sistema formato da parti, individui singoli o riuniti in gruppi di affini, e mantiene il suo livello di organizzazione, ovviamente più alto di quello di un singolo uomo, quando realizza buone relazioni di controllo tra le sue componenti, ognuna delle quali, proprio come i diversi organi, ricopre un ruolo particolare e svolge una specifica funzione. Il risultato di tali buone relazioni è una società sufficientemente ordinata da essere capace di superare crisi economiche e sociali e di garantire un complessivo innalzamento della qualità della vita dei suoi cittadini.

Poiché le cose non vanno sempre così bene, esistono anche le patologie sociali, situazioni in cui i meccanismi di controllo saltano, e che richiedono terapie volte a riportare stabilità nel sistema. Ad esempio, quando la forbice tra ricchi e poveri si allarga fino a generare proteste che potrebbero sfociare in vere rivoluzioni, i buoni governanti promuovono oculate politiche ridistributive e così riportano ordine nel sistema. Quando i rapporti tra gli Stati si fanno troppo tesi, le istituzioni sovranazionali di una società avanzata possono promuovere e imporre il rispetto del diritto internazionale, o mantenere la pace nelle aree calde del pianeta con efficaci relazioni diplomatiche.

Ambrogio Lorenzetti, in un celebre affresco dipinto tra il 1338 e il 1339 nel Palazzo pubblico di Siena nella sala chiamata Sala del consiglio dei Nove o della Pace, rappresenta con immagini mirabili gli elementi necessari al

FIG. 3. A. Lorenzetti, *Il buon governo*, 1338-39, Siena, Palazzo pubblico.

sorgere di un'istituzione ottimale per la città, *Il buon governo* (fig. 3), in cui componenti sociali portatrici di valori diversi cooperano in un'organizzazione di livello superiore per il bene della città e dei suoi cittadini. Nell'affresco domina un vecchio e saggio monarca che siede su un trono circondato dalle figure della Giustizia, della Temperanza, della Magnanimità, della Prudenza, della Fortezza e della Pace. Sopra di lui sono inoltre personificate le virtù teologali: Fede, Speranza e Carità.

In un'altra parete della stessa sala è rappresentato, con un'allegoria speculare, *Il cattivo governo*, con la città in rovina dominata dalla tirannide e dai vizi. Nel contesto della nostra argomentazione, *Il buon governo* e *Il cattivo governo* vogliono simboleggiare, a livello sociale, la buona e la cattiva organizzazione, ordine e disordine, bassa e alta entropia. Il primo con le sue virtù sa correggere gli eccessi a cui la città potrebbe andare incontro e che segnerebbero la sua rovina. Il secondo ci mostra l'inevitabile catastrofe di un sistema incontrollato che, in mancanza di freni, perde la capacità di funzionare.

In termini più moderni e utilizzando il linguaggio dei servomeccanismi possiamo chiamare «feedback negativi» quei correttivi che diminuiscono l'entropia e riportano ordine, e «feedback positivi» quelli che, al contrario, aumentano l'entropia, lasciando libero spazio al disordine.

Attualmente la crescita del mercato e del consumismo ad esso collegato, con le crescenti ripercussioni sulla salute, sull'ambiente e sulle relazioni sociali e internazionali, che complessivamente configurano un aumento di entropia del sistema sociale, non lascia intravedere correttivi che, nel breve periodo, riportino il fenomeno entro limiti sostenibili. Al contrario questa crescita, che io ho bollato come «bulimia dei consumi e anoressia dei valori», sembra godere di un feedback positivo: il processo viene rinforzato infatti da risultati di grande successo, tanto che si dice che il mercato è la fede laica dei nostri giorni, una fede in espansione a livello mondiale, inculcata come speranza, una sorta di scala di Giacobbe verso il Paradiso. Grazie ai mezzi di comunicazione, anch'essi nelle mani del mercato, la sua crescita incontrollata viene venduta come successo non solo sociale ma anche civile, e si arriva ai parossismi dell'informazione, in cui l'aumento del PIL viene spacciato per aumento del benessere e questo come aumento del livello di civiltà.

In un sistema ad elevata organizzazione come è la società umana, la presenza di un feedback positivo nei confronti di un processo che, come quello del mercato, ne fa aumentare l'entropia, è certamente degna di analisi, nonché fonte di preoccupazione. Possiamo dire che mercato e consumismo, da questo punto di vista, sono fenomeni straordinari e straordinariamente efficaci nel produrre continuo e ulteriore aumento di entropia. Ciò si manifesta nel diffuso malessere sociale che tutti i rapporti internazionali documentano, riportando dati allarmanti sull'aumento delle disuguaglianze e della disoccupazione, e sulla diminuzione dei servizi sociali essenziali, come la sanità e la scuola.

Per effetto delle dinamiche innescate dal mercato e che ne determinano il successo, aumenta il disordine delle particelle che compongono la società, individui che vedono diminuire le proprie possibilità di intervento correttivo (in quanto disoccupati e minacciati dall'avanzata dei robot pronti a sostituirli). Inoltre la crescente emarginazione e la perdita di potere dei cosiddetti livelli intermedi, come i sindacati, contribuiscono all'aumento del disordine e quindi al successo del mercato.

Teoricamente questo processo a crescita rapida e irrefrenabile non può continuare all'infinito. Occorre immettere una forte sorgente di energia che inverta la freccia del processo: questa inversione può essere innescata da un evento *top down*, ossia da una miracolosa conversione dello stesso mercato che, per assurdo, diffonda la notizia che il consumismo è patologia e che solo la moderazione, la solidarietà e l'uguaglianza tra gli uomini sono valori positivi. Oppure potrebbe essere innescata da un evento *bottom up*, come una potente energia dal basso, ossia dalle particelle umane che hanno per costituzione riserve nascoste da spendere e che, in quanto numerose e pensanti, unendosi potrebbero organizzare il correttivo, tuttavia non sempre efficace, della ribellione. Queste riserve latenti necessitano di trasformarsi in un'energia collettiva per mezzo di un catalizzatore-scuola, dove si lavori alla formazione di intellettuali che osiamo chiamare, alla maniera di Gramsci, «organici»[1]. Questi si muovono a tutti i livelli della società: il loro cervello di *Homo sapiens* possiede le potenzialità di pensare, criticare e unirsi per protestare. Siamo di fronte a processi reversibili, razionalmente controllabili e ne segue che diminuire l'entropia è possibile.

Ma chi sono gli intellettuali nel tempo della globalizzazione e del consumismo? Costoro di solito predicano, si indignano e occupano la scena. Viene da pensare che la loro indignazione morale sia solo una strategia per acquistare un ruolo che è però inadeguato e insufficiente a catalizzare la protesta.

Note

[1] Questo argomento viene trattato anche con riferimenti al ruolo della scuola in A. Gramsci, *Quaderni del carcere*, Torino, Einaudi, 1975, vol. III, p. 1550.

VI.

Questo non è un cervello

> Pensai a un mondo senza memoria, senza tempo; considerai la possibilità d'un linguaggio di verbi impersonali o d'indeclinabili epiteti. Così andarono morendo i giorni e coi giorni gli anni, ma qualcosa simile alla felicità accadde una mattina. Piovve, con lentezza possente...
>
> Jorge Luis Borges

Ceci n'est pas une pipe

La frase che dà il titolo a questo paragrafo ricalca la ben nota didascalia «Ceci n'est pas une pipe» (Questa non è una pipa) che il pittore surrealista belga René Magritte (1898-1967) aggiunse al dipinto perfettamente realistico di una pipa, soggetto che egli rappresentò più volte a partire dal 1928 (fig. 4). Oltre che artistico, quello surrealista è un movimento di pensiero che prende inizio col ma-

FIG. 4. R. Magritte, *La Trahison des images*, 1928-29, dipinto su tela, Los Angeles County Museum of Art.

nifesto di André Breton del 1924. Come nel caso del dadaismo, del quale il surrealismo è un'emanazione, questo movimento culturale si pone fortemente contro la tradizione, è dichiaratamente antiborghese, va alla ricerca di una libertà che mette il caso in prima linea – si pensi alla scrittura automatica – e mostra aspetti apparentemente irrazionali, contro la prigione della ragione.

Come neurofisiologo ritengo che la parola «irrazionale» sia spesso, come in questo caso, usata in maniera del tutto impropria. A mio avviso infatti l'irrazionalità non esiste, in quanto essa è comunque creazione conscia o inconscia della razionalità, è ricerca del nuovo, del diverso, ed è pensiero razionale in fermento: i neuroni dell'irrazionalità non esistono, o almeno non ne esistono descrizioni scientifiche.

Pertanto si può affermare che il surrealismo è un movimento culturale assai interessante che si avvale del pensiero razionale e il suo libero pensiero mi offre lo spunto per alcune considerazioni sugli effetti che la globalizzazione ha sul cervello.

Ma torniamo a Magritte e alla sua pipa: egli univa alle doti di artista originale anche quella di pensatore profondo, e spesso le sue opere sono vere e proprie riflessioni concettuali e filosofiche, come se scrivesse attraverso simboli che non sono parole, ma immagini.

Le sue riflessioni sulla relazione esistente tra le immagini e le parole mi appaiono assai adatte ad essere interpretate in termini di meccanismi nervosi, ricordando quanto oggi si sa sull'asimmetria degli emisferi cerebrali umani: quello destro ha competenze visivo-spaziali ed emozionali; quello sinistro competenze linguistiche e razionali e i due emisferi sono in costante comunicazione attraverso i 200 milioni di fibre nervose che formano il corpo calloso, come abbiamo già detto. Tali conoscenze, che sembrano essere inconsapevoli suggeritrici dell'opera pittorica e dei pensieri di Magritte, erano ancora grossolane negli anni in cui il pittore operava: esse sono il risultato dei già citati brillanti esperimenti condotti negli anni Ottanta da Sperry, Bogen e Gazzaniga.

Queste considerazioni non devono portare alla conclusione che l'informazione visiva, che per diventare messaggio esecutivo ha bisogno di trasformarsi in parola, sia superflua o ridondante; l'immagine mantiene tutta la sua informazione sensoriale e percettiva, per una valutazione estetica in altre parti del cervello; è solo quando occorre valutarla razionalmente per dedurne un comportamento, che essa, nell'uomo, si fa parola, traduzione che in altri animali non esiste, col risultato che sono le immagini o altre informazioni sensoriali a guidare il loro comportamento.

Una prima versione della pipa magrittiana, con la sconcertante didascalia che ne nega l'evidenza visiva, appare nel 1928 in un dipinto ad olio dal titolo illuminante: *La Trahison des images*; in esso l'immagine e le parole concorrono a formare un'unica composizione visiva, quella che Michel Foucault, in un saggio su quell'opera dal titolo *Ceci n'est pas une pipe. Deux lettres et quatre dessins de René Magritte*[1], definisce un «calligramma», in quanto l'elegante scritta fa parte integrante dell'opera pittorica.

Di norma l'osservatore è abituato a immagini accompagnate dall'indicazione scritta di cosa esse rappresentino e quindi di fronte al quadro di Magritte si aspetterebbe la didascalia «Ceci est une pipe», scritta che per altro risulterebbe superflua, un'aggiunta ridondante, forse utile solo per un ipovedente. L'osservatore legge quindi la negazione (*n'est pas*: non è) come una scritta stravagante, aggiunta per suscitare interesse verso un'immagine povera di richiamo artistico o commerciale. L'osservatore può arrivare a concludere che si tratta di una di quelle opere innovative, provocatorie nei confronti di atteggiamenti tradizionalisti verso l'arte, tipiche del movimento dadaista.

Ma non è così; se si approfondisce la conoscenza della personalità di Magritte, il quale a un certo punto della sua vita avrebbe voluto «filosofare» piuttosto che dipingere, usare la penna piuttosto che il pennello, si comprende che l'artista con quell'opera vuole esprimere un suo pensiero, un pensiero intrigante che riduce la figura a simbolo che comunica un messaggio, come fosse una stringa di parole.

In realtà infatti la scritta vuole essere un avvertimento per l'osservatore e un invito a riflettere sul fatto che la rappresentazione visiva o l'indicazione verbale di una cosa non hanno niente a che fare con la cosa stessa.

La didascalia «Ceci n'est pas une pipe» afferma che immagini di cose, o anche parole che indicano cose, sono solo messaggi e non la realtà. Non si può fumare con la pipa di Magritte, così come la mappa di una città non è la città.

Molti anni più tardi, in una lettera indirizzata all'amico, poeta e scrittore André Bosmans, Magritte scriverà:

> le immagini dipinte sono l'equivalente della parola, senza confondersi con essa. Ciò che l'immagine può mostrare la parola può dirlo, ciò che il linguaggio dice la parola non può mostrarlo.
>
> Ciò che le immagini dipinte «mostrano» e ciò che la parola «dice» sono nondimeno (possono essere) una stessa cosa.

Lo stesso concetto è espresso brillantemente dall'artista in una lettera al filosofo Michel Foucault, come replica al saggio sopra citato. Ricordo che il pittore e il filosofo hanno riportato la lunga riflessione su questi temi in due testi che hanno i seguenti titoli: quello di Magritte *Les mots et les images* (1929), quello di Foucault *Les mots et les choses* (1976)[2].

Parole e immagini sono riferimenti a cose reali ed eventualmente anche a cose che non esistono, come accade nei racconti fantastici; l'orco delle favole o l'inferno di Dante non sono reali ma di essi vi sono descrizioni sia con immagini che con parole.

Cosa succede nel mio cervello, si chiede l'osservatore, con questo gioco confuso di parole e immagini?

Di norma la percezione di un'immagine si traduce nel lobo del linguaggio in una parola, che concorda con quell'immagine, ma nel caso del quadro di Magritte la pipa rappresentata e la didascalia, già fatta di parole, si trovano in conflitto: pipa verso non-pipa, affermazione verso negazione. Evidentemente e fortunatamente Magritte fornisce al cervello razionale dell'osservatore un consiglio chiarissimo: se vuoi fumare la pipa bisogna che tu vada a prenderne una nel cassetto dove l'hai riposta perché «questa non è una pipa», ma solo la sua immagine. In conclusione, il pittore con provocatoria ironia ci scuote dall'accettazione passiva del messaggio visivo ricordandoci la necessità di sottoporre i messaggi sia visivi che verbali al vaglio della ragione.

Ceci n'est pas un cerveau

Ho preso spunto dalla provocazione di Magritte per riflettere ancora sugli stravaganti pensieri che possono venire alla mente davanti all'immagine di un cervello recante una didascalia «magrittiana».

Quello che vedete nella figura 5 sembra un cervello ma, come insegna Magritte, è solo la sua immagine: come non si può usare quella pipa per fumare, così non si può usare questo cervello per pensare e neppure per camminare, e in generale per vivere; non lo si può comprare in un negozio specializzato, un cervellaio all'angolo della strada, e non si può ordinare su Amazon, che sarebbe anche più economico; è semplicemente un messaggio visivo, che trasferito nel centro del linguaggio viene tradotto nella parola «cervello», mentre simultaneamente arriva la didascalia «non-cervello» che lo nega. I vostri neuroni della razionalità cominciano a cercare una soluzione e concludono

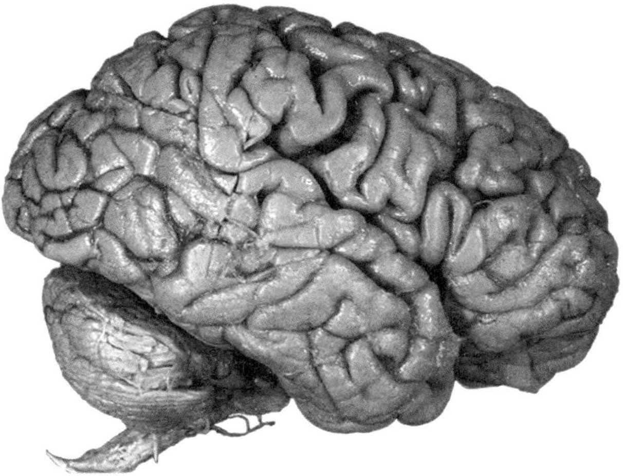

FIG. 5. «Ceci n'est pas un cerveau» («Questo non è un cervello»).

che anche se esistesse un cervellaio da cui comprare quel cervello, voi non lo vorreste, non vorreste trapiantarvi un cervello di serie, un cervello tipo, uguale a quello di tutti gli altri, omologato per vivere, per pensare come tutti gli altri, per essere una brava pecora nel gregge degli uomini. Una scelta non originale ma da prendere in considerazione, in particolare se il pastore è un buon pastore e il cane non morde. Ma tu vuoi essere un uomo, unico come ti ha creato l'evoluzione o il Signore e avere pensieri unici e uscire dal branco e trovare la tua via.

Non vuoi pascolare, indistinto e indistinguibile nei verdi prati, dove tutte le pecore sono uguali e dove tutto è dato, compresa la tosatura all'arrivo della primavera.

A pensarci bene il cervello che potresti comprare assomiglia un po', o forse molto, al cervello globalizzato per il quale non hai fatto neppure la fatica e la spesa dell'acquisto. Esso infatti ti viene fornito gratis a domicilio dai media visivi e verbali, veri trafficanti della mente, come il migliore dei cervelli possibili, anzi indispensabile per il futuro, per il progresso e per l'aumento del PIL.

Di fronte a questa conclusione i neuroni del cervello unico e tuo diventano assai inquieti e vivaci e aumentano la loro scarica di impulsi nervosi per metterti all'erta; il centro di Broca con parole silenziose ti dice che sta a te decidere se rimanere nel gregge e pascolare nei prati di un cervello globalizzato, «borghese», che non vuole cambiare per principio e preferisce restare avvolto volontariamente nella cellulite di una pigrizia egoista e di un funzionamento routinario, prevedibile, ma che ti dà sicurezza, assicurandoti che il domani sarà come l'oggi in una catena di eventi, forse senza sole, ma privi di tempeste o di piogge se non quelle preventivamente annunciate da monitor sicuri.

Tu sai, tuttavia, o forse ricordi, di quando ragazzo guardavi al futuro con il tuo cervello spavaldo, privo di lacci, che la routine è la morte del pensiero e della creatività.

Annota Leopardi nello *Zibaldone*: «*I fanciulli trovano il tutto nel nulla, gli uomini il nulla nel tutto*», e ancora: «Il forse è la parola più bella del vocabolario italiano, perché apre delle possibilità, non certezze. Perché non cerca la fine, ma va verso l'infinito»[3].

La routine dal punto di vista del funzionamento cerebrale significa che circuiti plastici che hanno la proprietà di cambiare con l'esperienza sono diventati stabili come quelli dei riflessi, delle reazioni automatiche o della vita vegetativa. Se ti fa piacere diventare automatico, robotico, anzi un robot di vecchia generazione, sei in una grande, immensa buona compagnia.

Come i robot anche le pecore sembrano non nutrire alcun dubbio – che, secondo Borges è un nome dell'intelligenza – e seguono passivamente il gregge; hanno per natura un cervello che nel loro piccolo mondo è globalizzato.

I quadri di Magritte, opere per l'occhio e per il pensiero, insegnano a vedere e a pensare che le immagini che ci vengono abbondantemente propinate sui giornali, sui muri della città, o in TV non sono «cose» che puoi prendere, soppesare ed essere sicuro che esistono. Quando sulla nostra retina appare la figura di un politico o di una politica, ben vestiti e sorridenti, che parlano di solidarietà e delle meravigliose cose che faranno per il nostro benessere, o quelle di banchieri e imprenditori che promettono mari e monti, tutti personaggi la cui immagine è circondata da una specie di «aura» che ce li rende credibili, ecco che diciamo con Magritte: «Questo non è un presidente, un imprenditore ecc.», non ha a che far niente con la realtà; è solo un'immagine, praticamente una fake news, una specie di favola; non facciamoci ingannare, pensiamo con il nostro cervello.

La scomparsa dell'aura e la comparsa delle chiacchiere

Il filosofo e scrittore Walter Benjamin (1892-1940), profondo e sensibile interprete della situazione culturale e politica del suo tempo, nel saggio *L'opera d'arte nell'epoca della sua riproducibilità tecnica* lamentava che lo sviluppo della tecnica, in particolare la fotografia, consentendo una riproduzione perfetta dell'opera d'arte, ne aveva fatto scomparire l'aura, togliendo all'opera d'arte quella riverenza, quel senso religioso che la circondava e che era legato alla sua unicità e soprattutto alla sua irripetibilità, finendo per renderla un'immagine comune. Una volta per vedere le opere d'arte ci si metteva in viaggio e ciò aveva il senso del pellegrinaggio. Ora sono le stesse opere d'arte che viaggiano alla grande per mettersi in mostra come veri divi, richiamando folle di visitatori non sempre interessati e preparati a scorgere l'aura, l'alone di luce dell'opera, perché essa si è nascosta o forse, come dice Walter Benjamin, è scomparsa[4]. Il processo di dissacrazione dell'opera d'arte continua nel nostro tempo con l'avvento del mercato dell'arte, che è diventata merce: la sua aura ora dipende dal suo valore economico. Il sacro è stato creato dall'uomo, dal suo senso di meraviglia davanti alla natura e a quello che lui stesso poteva e può creare nell'arte e nella scienza, perché anche la scienza ha la sua aura anch'essa in progressiva scomparsa. Cosa ci rimane se leviamo anche l'opera dell'uomo dall'altare?

Nel mondo attuale, caratterizzato da nuove modalità di comunicazione, ha preso piede una diversa forma di aura: quella odierna è fatta di chiacchiere, ma genera ugualmente riverenza e rispetto per chi se la può mettere come cappello, e non è più opera di un artista, ma dei grandi media, in particolare della TV e della rete.

Gli uomini politici e quelli che in qualche modo detengono il potere, economico o intellettuale o pseudo-intellettuale che sia, fanno a gara per conquistarsi questo nuovo tipo di aura, che non solo conferisce prestigio e rispetto, ma ha anche un valore pratico in quanto agisce di rinforzo al potere stesso. L'aspirante possessore non la ottiene grazie all'impegno o alla bontà del suo lavoro, ma semplicemente con la sua massiccia presenza sui media. Perfino il quoziente intellettivo (QI), già giustamente criticato per la sua affidabilità relativa, viene oggi misurato dalle ore di presenza in TV o di circolazione in rete.

Gli aspiranti all'aura curano molto il proprio aspetto, spesso assistiti da specialisti della comunicazione, cercando (come in un calligramma) di unire l'immagine alle parole. Nei dibattiti costoro parlano ma non ascoltano.

Ascoltare è infatti pericoloso: potrebbe causare la scomparsa dell'aura; il dibattito infatti potrebbe addirittura diventare razionale e rimandare al mondo reale, dove le aure non esistono.

L'aura «di chiacchiere» non ha valore artistico e tanto meno sacrale, ma ha quello di costituire una pubblicità molto efficace nel mercato del potere, come i rotoli infiniti di carta igienica, che corrono su prati fioriti: essa è un pifferaio magico che richiama folle di seguaci entusiasti che corrono per raccogliere ciascuno il proprio rotolo.

Note

[1] M. Foucault, *Questo non è una pipa*, Milano, SE, 1988.

[2] R. Magritte, *Les mots et les images*, in «La Révolution surréaliste», 12, 1929, pp. 32-33; M. Foucault, *Le parole e le cose. Un'archeologia delle scienze umane*, Milano, Rizzoli, 2007.

[3] G. Leopardi, *Zibaldone*, 527, 19 gennaio 1821.

[4] T. Montanari e V. Trione, *Contro le mostre*, Torino, Einaudi, 2017. Questi autori con argomenti condivisibili trovano negativo il moltiplicarsi di mostre d'arte che spesso hanno più scopi economici che educativi, e mettono in evidenza il pericolo derivante dallo spostare le opere d'arte.

VII.

Guardare vedere parlare

> L'arte non riproduce ciò che è visibile, ma rende visibile ciò che non sempre lo è.
>
> Paul Klee

Prologo

«Le monde existe pour aboutir à un livre», (Il mondo esiste per risolversi in un libro): con questa frase Stephane Mallarmé alludeva a un libro che narrasse il mondo in continuo, anche nelle piccole cose, come in una sorta di registrazione della realtà fatta con una macchina da presa. Borges, riprendendo l'argomento, parlava dell'«ambizione di scrivere un libro assoluto, un libro dei libri che li includa tutti come un archetipo platonico, un oggetto le cui virtù non diminuiscano gli anni»[1].

Nel contesto di questo piccolo saggio mi piace pensare che con tali riflessioni questi due grandi autori intendessero dire che, per il genere umano, tutto il mondo, gli esseri animati e le cose inanimate, le montagne, il cielo, i rifiuti, le cose belle e le cose brutte e perfino le orribili esistono attraverso l'invenzione delle parole. Inoltre vorrei prospettare che anche ciò che vediamo finisce con l'essere parola; il senso della vista passa la sua informazione a un traduttore che ce lo restituisce in una narrazione fatta di parole, e vorrei sostenere questo argomento alla luce dei meccanismi nervosi noti, che ne sono il fondamento anatomo-fisiologico.

Meccanismi nervosi del guardare e del vedere

Spesso nel linguaggio comune di tutti i giorni i verbi guardare e vedere sono usati in maniera interscambiabile; tuttavia, il vocabolario Treccani ci chiarisce che non è proprio così, e che anzi vi è una profonda differenza nel significato dei due verbi. Guardare significa «volgere gli occhi», «posare lo sguardo», mentre vedere significa «prendere coscienza dell'immagine». Capita infatti di dire: «Ho guardato la scena di quell'incidente, ma non sono riuscito a vedere chi vi fosse coinvolto».

Sono due eventi in una serie temporale, guardo e poi vedo, e io vorrei soffermarmi sulla differenza tra queste due azioni dal punto di vista dei meccanismi cerebrali che le rendono possibili. La prima riflessione che viene subito alla mente è che la differenza tra guardare e vedere corrisponda a quella tra sensazione e percezione, dove la sensazione è il processo fisiologico di prendere atto dell'immagine che cade sulla retina, mentre la percezione è il processo fisiologico attraverso il quale l'immagine viene elaborata in più zone della corteccia e che infine porta alla conoscenza, al riconoscimento sulla base dei dati già presenti in memoria. Ad esempio, se l'immagine retinica mi suggerisce che sono in presenza di un essere umano, è solo col successivo atto di elaborazione corticale del vedere che riconosco che si tratta del mio amico Giovanni. In sintesi si può dire che la differenza tra guardare e vedere, dal punto di vista neurofisiologico, consiste, in prima approssimazione, nel fatto che il primo è presa d'atto dell'immagine retinica e il secondo, dell'immagine corticale.

Non è mia intenzione disquisire sulle sfumature di significato prettamente linguistiche che distinguono i due verbi (non ne avrei neppure la competenza), ma piuttosto riflettere sui due tipi, molto diversi, di funzionamento cerebrale: nel caso del guardare è attivo un meccanismo importantissimo per la sopravvivenza – quasi da includere nei riflessi –, rapido e, in quanto automatico, quasi esente da errori, mentre nel caso del vedere sono attivi i meccanismi del pensiero lento, soggetto a ripensamenti, collegato con l'emisfero sinistro del cervello e in particolare con l'emisfero del linguaggio. Si arriva così alla conclusione, che può apparire paradossale, che il vedere possa essere parente stretto del parlare e in definitiva del pensare.

Non a caso la radice greca *id* del verbo vedere ha parentele strette con le parole conoscere e sapere e già Plinio il Vecchio (23-79 d.C.) nella sua *Naturalis historia* scriveva che si vede con la mente e non con l'occhio.

Guardare è un processo in gran parte automatico; in generale, in assenza di patologie della retina o di difetti della rifrazione, tutti abbiamo la stessa immagine retinica di un determinato oggetto, che può provocare una risposta «istintuale» rapida, come l'allontanamento da un pericolo; al contrario vedere, che, come abbiamo detto, equivale principalmente a «riconoscere» e prevede vari passaggi con l'intervento di più regioni corticali, può indurre un cambiamento dello stato cerebrale, un mutamento del pensiero e della valutazione dell'oggetto, e di conseguenza del comportamento.

Esplorazione visiva dell'immagine

Per quanto concerne il guardare possiamo aggiungere che la vista di un quadro, di un volto o di un paesaggio implica come primo processo un'esplorazione in gran parte automatica dell'immagine che cade sulla retina; ciò richiede brevi fissazioni dello sguardo su particolari punti e movimenti rapidissimi dell'occhio, chiamati saccadi. Ricordo che per spostare lo sguardo su un punto che dista da un altro 25 centimetri, entrambi alla distanza di 1 metro, occorrono 20 millesecondi, e che il movimento avviene contemporaneamente nei due occhi. Questo processo è reso necessario dal fatto che nella retina solo una piccola parte, chiamata fovea, ha la visione migliore con la più alta acuità visiva: la fovea però ha un diametro di soli 0,5 millimetri e sottende un angolo di circa 1° nel campo vi-

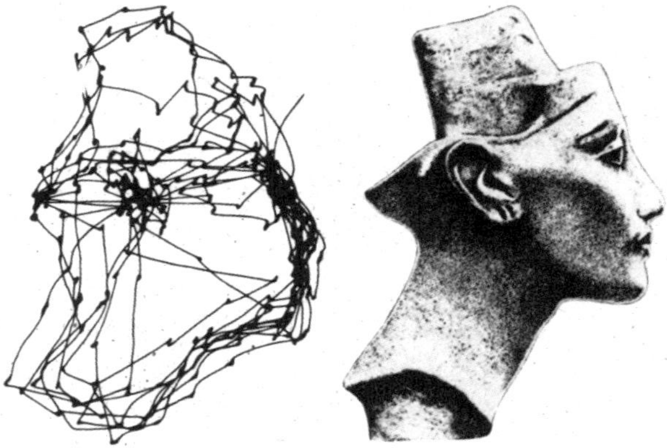

Fig. 6. Esplorazione del volto della Nefertiti (1345 a.C.) esposta al Neues Museum, Berlino.

sivo. Si tenga presente che la larghezza di un dito della mano alla distanza del braccio teso sottende 1°. Quindi l'occhio si muove rapidamente, trattiene in memoria il risultato delle singole esplorazioni e ricostruisce l'immagine intera. L'esplorazione fa parte del guardare ed è guidata dai punti di rottura dell'immagine come, nel caso di un volto, l'orecchio, il naso, la bocca ecc.; lo si comprende meglio osservando la figura 6 che riporta l'esplorazione dell'immagine della bella Nefertiti. Se l'azione è effettuata da molti soggetti i movimenti degli occhi sono del tutto simili. Se si presenta un'immagine molto semplice, come un quadrato, i movimenti degli occhi ripetono fedelmente quella figura geometrica.

Un esperimento

Mentre guardare non varia nelle diverse situazioni psicologiche del soggetto, queste influenzano moltissimo il processo del vedere, che sembra così allontanarsi dai meccanismi nervosi della pura e semplice modalità sensoriale per coinvolgere meccanismi nervosi di ordine superiore.

Alcuni risultati sperimentali avallano questa differenza: infatti l'immagine retinica dell'uomo e di molti mammiferi non è influenzata da altre entrate cerebrali, ad esempio di origine corticale, come lo sono invece tutti i centri visivi più centrali, che analizzano l'informazione retinica. Riporto a questo riguardo una ricerca pionieristica di molti anni fa e alla quale io stesso ho partecipato[2], nella quale dimostrammo che il funzionamento retinico non varia con le condizioni dell'animale, come ad esempio il sonno e la veglia, mentre cambia in maniera evidente nei neuroni dei centri visivi superiori (a partire dal corpo genicolato laterale fino alla corteccia visiva). In questi centri che elaborano l'informazione retinica, l'attività elettrica proveniente dalla retina nella forma di impulsi nervosi si modifica durante il sonno dell'animale sotto le influenze dei centri del tronco dell'encefalo che regolano il sonno e la veglia. Può sembrare strano che si parli di visione durante il sonno ma è opportuno ricordare che il cervello, in termini di impulsi nervosi, è attivo durante il sonno quanto nella veglia.

In quasi tutti i mammiferi, uomo compreso, non esistono di fatto comunicazioni che dai centri nervosi vadano alla retina, le cosiddette fibre centrifughe.

Finestra o tanica di benzina?

Se vedere è essenzialmente riconoscere, cioè una comparazione tra le immagini raccolte dalla retina e quelle accumulate in memoria, ne deriva necessariamente che il «già visto» diventa fattore essenziale del «vedo».

FIG. 7. Famiglia africana.

Se l'informazione visiva in memoria è diversa da soggetto a soggetto, ciò può portare a interpretazioni diverse della stessa immagine retinica. *Tot capita, tot sententiae.*

Molte osservazioni sul campo hanno dimostrato questa affermazione: alcuni studiosi hanno presentato particolari immagini a persone che vivono in paesi o continenti lontani, ad esempio in Africa; qui, per ragioni legate all'esperienza quotidiana, può accadere che le persone interpretino le immagini in maniera apparentemente bizzarra che però diventa comprensibile se si tiene conto del contesto. Riporto un esempio classico apparso in una pubblicazione dell'Unesco (fig. 7).

Alla presentazione della vignetta, mentre un occidentale percepisce una famigliola riunita nella propria casa e una finestra che si apre sull'esterno, un abitante locale può facilmente rispondere che vede un gruppo familiare in riposo davanti ad un albero e che in particolare una delle donne regge una tanica di benzina sulla testa.

La visione del «mai visto prima»

Una foto non è la realtà. Molti antropologi, tra cui Derengowski, che ha raccolto i racconti di viaggiatori venuti a contatto con popoli che vivevano isolati dal resto del mondo, si sono interessati a questo affascinante problema, studiando popolazioni che non avevano fatto esperienza di oggetti rappresentati ad esempio in fotografie: i risultati sono interessanti e perfino divertenti. I soggetti posti di fronte a foto di animali o comunque di oggetti familiari rispondono in modo del tutto errato: il guardare non fornisce loro conoscenza; se però lo sperimentatore spiega a parole che quelle sono le gambe, la testa, la coda, ad esempio di una vacca, allora d'improvviso l'immagine diventa riconoscibile. Le parole portano la conoscenza e consentono la comprensione dell'immagine rappresentata. Presso una tribù africana venne proiettata la diapositiva di un elefante e la gente scappò via per paura, mentre il coraggioso capo tribù si diresse dietro allo schermo di fortuna, un lenzuolo, per accertarsi della presenza dell'elefante.

Moltissime storie di questo tipo ribadiscono il concetto che vedere è riconoscere. I sensi ci forniscono le informazioni iniziali, i mattoni con i quali poi il cervello razionale dell'emisfero sinistro costruisce i palazzi della conoscenza e le città del pensiero, dove le parole sono le strade che riuniscono le costruzioni della conoscenza e tessono il comportamento, la realtà, direi il racconto di ognuno di noi.

Riprendendo Mallarmé, cioè, tutto finisce a parole e anche le immagini finiscono con essere racconto.

Riacquistare la vista

Nel contesto della visione del «mai visto prima» ricadono anche le esperienze di pazienti che riacquistano da adulti, o almeno da adolescenti, la vista prima impedita da patologie dell'occhio.

In generale, in assenza di una precedente esperienza visiva fatta durante i primi anni di vita, la vista risulta problematica ed è accompagnata assai frequentemente da patologie neurologiche.

Sono riportati casi, ai giorni nostri divenuti rari, in cui soggetti che riacquistano la vista da adulti – dopo l'operazione di cataratta congenita bilaterale o di trapianto delle cornee, nel caso di opacità corneale – mostrano drammatiche difficoltà nell'uso della riacquistata modalità sensoriale, quando addirittura non la rifiutano. Questo ha cause precise e in gran parte note. Le connessioni delle vie ottiche con le aree corticali della visione si formano durante i primi anni di vita sotto l'influenza dell'esperienza visiva. Se questa manca, come nelle condizioni patologiche sopra ricordate, le connessioni corticali si formano in maniera anomala e non reversibile col tardivo riacquisto della vista. Inoltre avviene, in questi casi, un processo di vicariamento della vista da parte di altre modalità sensoriali, come l'udito o il tatto, delle quali il soggetto impara proficuamente a servirsi.

Tutti i pazienti hanno difficoltà a «rivedere», facoltà che del resto rimane sempre assai imperfetta. Alcuni di questi pazienti non sopportano addirittura l'informazione confondente della modalità sensoriale visiva riacquisita e cadono in depressione e in certi casi, descritti nella letteratura neurologica, arrivano a commettere suicidio. Anche uno dei casi raccontati da Oliver Sacks ha per oggetto questo problema del recupero della vista e l'autore descrive in dettaglio le difficoltà visive di un paziente, per esempio nel tentativo di guardare la televisione, e il sopravvenire delle sintomatologie psicopatologiche[3].

Le jocose problème

L'ipotesi che i ciechi che riacquistano la vista in età adulta possano riconoscere visivamente oggetti che avevano conosciuto con altra modalità sensoriale, per esempio solo con il tatto, è risultata sostanzialmente errata. La migrazione di una conoscenza acquisita con una modalità sensoriale a un'altra è assai scarsa o nulla.

In questo contesto mi sembra interessante ricordare che la possibilità che la conoscenza degli oggetti attraverso il tatto si trasferisca alla visione rappresenta un problema che l'uomo si è posto da gran tempo. Riporto, come esempio classico, il caso dell'astronomo e fisico Molyneux, che nel marzo del 1693 pose al suo amico filosofo Locke quello che lui stesso definì «un jocose problème». La domanda era:

> Immagina un uomo adulto cieco dalla nascita che abbia appreso a distinguere un cubo da una sfera d'avorio, tramite il tatto. Supponi poi che il cieco recuperi la vista. La questione è se servendosi della sola vista, e prima di toccarli, egli sappia distinguere la sfera dal cubo.

La risposta è sostanzialmente negativa proprio perché, come abbiamo detto, vedere è principalmente riconoscere, e non si può riconoscere quello che l'esperienza non ha depositato nella memoria visiva.

Il cervello di ognuno è unico in quanto il suo corredo genico è unico, come pure la sua esperienza del mondo, che accumula nel cervello di ciascun individuo un contenuto di informazioni diverso.

La stessa immagine sulla retina può indurre percezioni diverse, proprio come se con gli stessi mattoni individui diversi costruissero palazzi diversi, perché le loro capacità e culture di architetti sono diverse.

Il vedere è così personale che può essere influenzato, come descritto per il sonno e la veglia, dalla situazione personale del soggetto, dal suo stato di salute, dal suo umore che può variare nella stessa persona in momenti diversi portando a diverse interpretazioni dell'immagine retinica, anche nell'ambito dello stesso giorno. Porto un esempio tratto da una mia esperienza personale, che quasi certamente molti hanno avuto occasione di fare. Se vado in un museo a rivedere un quadro o un affresco che mi piacciono in maniera particolare, ne esco soddisfatto, appagato da un piacere estetico di natura biologica, che ha la sua base nello sviluppo di mediatori chimici, molecole della categoria delle catecolamine (come la dopamina e la noradrenalina), o la serotonina (un derivato del triptofano) e i neurormoni, che vengono liberati nel mio cervello dalla visione di quelle immagini. Alcuni paragonano questo fenomeno a una forma di orgasmo che, invece di partire dai recettori della riproduzione, parta da quelli della vista o dell'udito.

Se tuttavia, in un altro giorno, vado a vedere nello stesso museo quelle stesse opere d'arte che quindi producono le stesse immagini sulla mia retina, ma sono di cattivo umore, o preoccupato, oppure ho mal di testa, non riesco a provare alcun piacere, gli stessi stimoli non mettono in moto la fisiologia del piacere. Il piacere estetico nasce dall'elaborazione corticale dell'immagine, e il «recettore» scatenante è il cervello, un piacere *top down* come si direbbe in linguaggio tecnico e non *bottom up* come quello di origine sessuale. Se il cervello generatore di piacere è in uno stato biofisico diverso per fattori contingenti, i messaggi del piacere non riescono a partire.

A mio avviso, quindi, il vero piacere è intellettuale, cioè corticale. A questo proposito è interessante ricordare che l'attività elettrica della corteccia non varia nel piacere sessuale, ed è limitata particolarmente ai centri del lobo limbico.

Vedere nei secoli

Alcuni anni fa, un collega, storico dell'arte della Scuola Normale, mi accompagnò a visitare il Camposanto monumentale di Pisa con i suoi famosi affreschi medievali. L'ambiente è splendido, suggestivo, e gli affreschi magnifici, descritti come tra i più inquietanti e tali da generare paura in alcuni. Sono opera dell'artista fiorentino Buonamico di Martino detto Buffalmacco (il titolo di queste opere è, come noto, *Il trionfo della morte*, 1335-38).

Quando passammo davanti alla rappresentazione dell'inferno, la mia guida mi fece notare alcune scalfitture sul muro che io credevo dovute ai bombardamenti che, nell'ultima guerra, avevano colpito il monumento, ma il collega mi propose un'altra ipotesi: molto probabilmente le scalfitture erano assai più antiche ed erano state prodotte dai sassi lanciati da visitatori medievali contro i diavoli per paura dell'inferno e della morte.

Capii quanto fosse diverso il mio vedere rispetto a quello degli antichi visitatori, che pure avevano una retina e un cervello del tutto paragonabili al mio, sia anatomicamente che funzionalmente. Le immagini che cadevano sul loro occhio erano le stesse, ma le loro interpretazioni del tutto diverse. Le spiegazioni della mia guida mi avevano aiutato a vedere in maniera diversa.

D'altronde, i visitatori medievali della cappella degli Scrovegni o degli affreschi di Giotto ad Assisi guardavano alle pitture come a un libro (la maggior parte di loro era analfabeta) che narrava per immagini le storie della Bibbia, in una sorta di TV medievale che aveva lo scopo di rinforzare la fede, ma anche l'ordine sociale. Il messaggio della pittura medievale era soprattutto verbale, una narrazione delle storie della Bibbia, in cui le immagini dipinte servivano, come nei fumetti, a dare l'illusione della realtà del messaggio verbale e a renderlo di lettura più efficace.

Queste pitture sono le prime in cui il linguaggio pittorico tenta una rappresentazione più realistica dello spazio e una maggiore espressività dei personaggi, nei quali cominciano a trapelare i sentimenti come nel «bacio di Giuda» nella cappella degli Scrovegni, dove Gesù e Giuda si parlano con gli occhi.

Per noi oggi questi affreschi rappresentano una svolta nella pittura per la loro modernità e discutiamo del segno, dei colori, dell'avvento di una rappresentazione più mimetica della realtà, dei paesaggi e della comparsa della prospettiva. Essi hanno per noi un interesse estetico-culturale e non religioso. Insomma vediamo diversamente dai nostri antenati, vediamo con il cervello del nostro tempo; essi sono, come direbbe Umberto Eco, un'opera aperta.

Nella pittura rinascimentale l'osservatore è più legato alla prigione della prospettiva. L'artista è diventato un dittatore che vuole insegnare all'osservatore a vedere, convinto di aver scoperto le leggi della visione e della rappresentazione. Il lavoro dell'osservatore diventa più analitico: egli deve imparare, come uno scolaro, le leggi del vedere. La pittura rinascimentale ha la bellezza, la chiarezza e il fascino della scienza.

È da rilevare che le leggi della prospettiva non sono affatto rispettose della biologia: *in primis* per la legge della costanza delle dimensioni, in quanto gli oggetti fino alla distanza di 7-8 metri conservano, a giudizio dell'osservatore, le loro dimensioni reali; inoltre la prospettiva concerne la visione da un solo punto di vista senza consentire spostamenti dell'osservatore.

Il fatto che «il vedere» sia fisiologicamente così soggettivo aiuta a capire come mai un artista, sperimentando le nostre stesse realtà, le rappresenti in maniera talvolta così diversa da risultare all'inizio perfino incomprensibile ai suoi contemporanei. L'artista come ognuno di noi è unico e irripetibile, se non con la clonazione, per corredo genico ed esperienze che hanno influenzato il suo cervello visivo e quindi non è sorprendente che egli possa vedere e interpretare gli stessi oggetti che noi vediamo in maniera personale; è *un unico artistico.* A noi spettatori occorrerà tempo, addirittura spesso anni, per imparare a vedere e ammirare ciò che non comprendevamo perché nuovo al nostro cervello. In questo caso l'artista ci insegna a vedere e d'altronde è esperienza comune che anche a scuola occorrono tempo e applicazione per imparare a leggere o qualsiasi altra nuova nozione.

Ci sono voluti anni e anni per apprezzare movimenti artistici come ad esempio l'impressionismo o l'astrattismo. Dovevamo impararlo. Dal punto di vista del neurofisiologo ciò è del tutto normale, addirittura prevedibile. Pensare tenendo presente i meccanismi cerebrali che ne stanno alla base aiuta talvolta a capire anche noi stessi.

Nessuna meraviglia che, per fare un esempio, *Le déjeuner sur l'herbe* di Manet (1862) abbia scandalizzato il pubblico e i critici d'arte e sia stato rifiutato al Grand Salon; solo in seguito fu accettato al Salon des refusés e il nome è già allusivo. Ora lunghe file si formano all'entrata del museo d'Orsay per poterlo vedere e ammirare ed è giudicato un grande capolavoro.

Comunicazione visiva e verbale, sempre intrecciate nei secoli, subiscono variazioni nel tempo; ad esempio nel Rinascimento la rappresentazione della realtà è visuospaziale, dominano le strutture architettoniche, i personaggi si muovono in ambiente realistico e la prospettiva è il tentativo di rendere il realistico più realistico possibile. L'immagine domina sulla parola.

Nel XX secolo con il cubismo e l'astrattismo, abbandonata la mimesi della realtà, è la parola che domina sull'immagine con la quale si vogliono esprimere concetti o sentimenti quasi già parole. «I want to express my feelings, rather than illustrate them» (Voglio esprimere i miei sentimenti piuttosto che rappresentarli), dirà Jackson Pollock cercando di gridare la sua ribellione a favore della libertà di vedere e rappresentare. Questi artisti usano il pennello, perché loro più congeniale, ma potrebbero anche usare la penna.

Concludendo le osservazioni sulla pittura medievale e rinascimentale e la comunicazione ai giorni nostri, sarei portato a dire che hanno qualche cosa in comune, e cioè trasmettere sostanzialmente un messaggio visivo-verbale teso a convincere con la loro arte l'osservatore-spettatore di una verità, di una legge, di un prodotto.

Galileo «vede» la luna

Un esempio eclatante e di grande interesse storico-scientifico di come conoscenze pregresse possano influenzare l'atto del vedere ci è dato dalle osservazioni della luna fatte da Galileo Galilei e dallo scozzese Thomas Harriot, negli stessi anni, con due cannocchiali (meglio sarebbe dire occhialini)

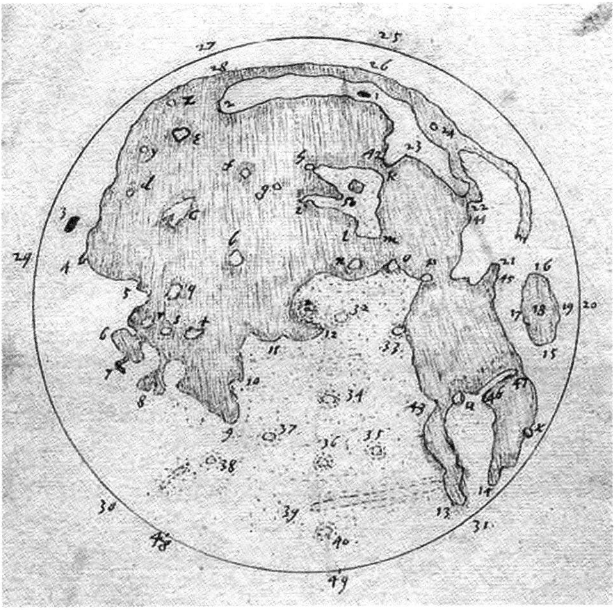

FIG. 8. Mappa della superficie lunare di Thomas Harriot.

probabilmente simili. L'occhialino che doveva servire per scopi militari, come avvistare il nemico o le navi in lontananza, Galileo lo puntò verso il cielo. È assai probabile che le immagini della luna sulle retine di Galileo e Harriot fossero del tutto simili e tuttavia le descrizioni dei risultati sono completamente

FIG. 9. A destra il disegno di Galileo, a sinistra una recente immagine telescopica della luna. Il cratere disegnato da Galileo al bordo tra zona illuminata e zona in ombra è molto ingrandito rispetto a quello riportato in fotografia.

diverse. Le osservazioni di Galileo sono di grande precisione, paragonabili a quelle ottenute modernamente con i satelliti, mentre quelle di Harriot non hanno alcun valore scientifico e si rifanno a vecchie concezioni aristoteliche (fig. 8). Galileo nelle immagini telescopiche, viste per la prima volta dall'occhio umano, scorse ombre che interpretò correttamente come asperità della superficie lunare, monti o crateri «altissima montium iuga» o «cavitates» (fig. 9).

Galileo Galilei rappresenta nella sua opera, il *Sidereus Nuncius* (1610), i risultati delle sue osservazioni, con bellissimi acquarelli. Si pensa che le sue corrette interpretazioni delle asperità lunari furono in parte dovute alla sua esperienza di pittore e agli effetti che si possono ottenere dal chiaroscuro. Scriveva nel 1612 al suo amico pittore Ludovico Cigoli: «Conosciamo dunque la profondità non come oggetto della vista per sé, et assolutamente, ma per accidente rispetto al chiaro et allo scuro». Il Cigoli stesso aveva sperimentato la visione della superficie lunare con un cannocchiale che Galileo gli aveva regalato; nel suo dipinto della Madonna in Santa Maria Maggiore a Roma si nota che i piedi della Vergine poggiano sulla luna ritratta come vista al cannocchiale.

Note

[1] J.L. Borges, nota su Walt Whitman, in *Altre inquisizioni*, Milano, Feltrinelli, 1963.

[2] L. Maffei, G. Moruzzi e G. Rizzolatti, *Geniculate Unit Responses to Sine-Wave Photic Stimulation during Wakefulness and Sleep*, in «Science», 149, 1965, pp. 563-564.

[3] O. Sacks, *Un antropologo su Marte*, Milano, Adelphi, 1998.

VIII.

La cultura, vi piaccia o no, è cervello

> La più grande scoperta della mia generazione è che gli esseri umani possono modificare la propria vita modificando il proprio atteggiamento mentale.
>
> William James

Le immagini parlano

Sfoglio un album di vecchie fotografie di famiglia: vedo le immagini di mio nonno, di mio padre, di mia madre, ed esse come d'incanto prendono a parlare. È la mia memoria che ricorda le loro parole, i loro rimproveri, i loro consigli; e sento mio padre che mi esorta a studiare medicina perché, questa era la sua convinzione, i medici non hanno padrone, come purtroppo aveva avuto lui; e mio nonno che mi dice del bel giro di mura a Lucca che fa tutte le mattine all'alba prima di andare a lavorare al suo deschetto di calzolaio, dove sarebbe rimasto seduto per tutto il giorno; e la premura di mia madre nel dirmi di mangiare di più e studiare di meno. Le immagini, anche in queste vecchie foto, piccole, in bianco e nero, parlano e narrano non la loro, ma la mia storia. Le immagini sono come invitanti copertine di libri di cui la memoria sfoglia le pagine, rivelandone il contenuto.

Anche i quadri dei pittori più amati sono copertine di libri, narratori affascinanti: alcuni mi parlano di più e altri di meno, forse perché esistono immagini retiniche più adatte a stimolare i centri della parola e sono senza dubbio quelle che risvegliano nella nostra memoria emozioni, ricordi, interessi che vogliono rivivere. Tra tante immagini parlanti mi viene alla mente *La morte di Marat* (1793) dipinta da Jacques-Louis David, suo amico; la mia memoria, stimolata dalla figura di Marat assassinato nella vasca da bagno, fa rivivere le conoscenze scolastiche di questo importante episodio della Rivoluzione francese, ma anche quei dolori della pelle che costringevano l'erudito illuminista a restare a lungo immerso nell'acqua.

Nel mio ricordo una natura morta di Giorgio Morandi – bottiglie, brocche, ciotole dalle tinte tenere, unite con enorme cura per i det-

FIG. 10. H. Matisse, *La Bohneur de vivre*, 1905-06, olio su tela, Filadelfia, Barnes Foundation.

tagli e le sfumature – sembra cercare le giuste parole, per comporre, con comuni bottiglie, una lirica. Quest'opera mi parla di Morandi con parole commoventi, che sembrano giungere dal suo studio in via della Fondazza a Bologna, dove ha trascorso appartato quasi tutta la sua vita. Quante copertine! Quante storie!

Anni fa ho preso il treno da New York a Filadelfia per andare a vedere il famoso dipinto di Matisse *La Bonheur de vivre* alla Barnes Foundation (fig. 10). Usando la metafora della copertina di un libro, in questo caso, oltre al quadro, anche il titolo è fantastico. Due versi di Baudelaire lo descrivono perfettamente: «Là, tout n'est qu'ordre et beauté / Luxe, calme et volupté».

C'è in questo quadro la gioia di vivere, di godere di ciò che abbiamo – la natura e noi stessi – senza l'ansia nevrotica di ottenere ciò che non abbiamo; c'è un'atmosfera di pace che fa bene.

E poi leggo il libro di Van Gogh dietro l'ultimo o penultimo dei suoi dipinti, *Campo di grano con volo di corvi*, con la data 8 luglio 1890. Il pittore morirà il 29 luglio 1890 a Auvers-sur-Oise dove è sepolto accanto al fratello Theo (fig. 11). Qui l'artista mi racconta i suoi tormenti, la sua pazzia, con pennellate inquietanti, folli, che narrano la sua drammatica vicenda umana e la sua arte immortale.

E vedo anche *Il grido* di Munch che sembra chiedermi aiuto. A qualcun altro racconta cose diverse. Non mi meraviglio se il pittore ha un linguaggio per ognuno di noi, perché in realtà siamo noi che trasformiamo in parole l'immagine.

E Jackson Pollock che racconta il desiderio di libertà di pensiero e di gesto, droga e disperazione, con segni simili a quelli del ramo

FIG. 11. Le lapidi dei fratelli Van Gogh, Auvers-sur-Oise.

di un albero intinto nel colore che dipingesse sospinto da venti mutevoli.

Mi chiedo quale sarebbe l'esperienza estetica di un quadro «muto», incapace di innescare il miracolo della parola nei centri del linguaggio, per farsi racconto. Una scimmia, che, non avendo la parola, non può trasformare l'immagine in racconto, non si commuove davanti al grido di Munch o all'inquietudine di Jackson Pollock.

Attraverso i secoli gli artisti, nelle loro manifestazioni pittoriche o scultoree, hanno sempre raccontato storie: ad esempio quelle mitologiche delle metope del Partenone o del santuario di Hera Argiva alla foce del Sele nei pressi di Paestum (VI sec. a.C.), dove si narrano le storie degli eroi dell'*epos* greco, episodi della guerra di Troia o le fatiche di Ercole; o più tardi le storie di Roma e delle sue conquiste narrate lungo le 23 spire scolpite a bassorilievo della colonna Traiana a Roma (II sec. d.C.). Oppure ancora le storie del Vecchio e del Nuovo Testamento, raccontate negli affreschi della Cappella degli Scrovegni (XIV sec.) a Padova o della Basilica di San Francesco ad Assisi (XIII-XIV sec.). Immagini che parlano, che raccontano, facendosi prestare le parole dagli osservatori.

L'immagine retinica è come un segnale che, mettendo in moto una serie di eventi nervosi, invita i centri del linguaggio a narrare con parole la storia rappresentata, che, insieme alla qualità artistica delle opere, è il messaggio che ci commuove. Le immagini visive possono diventare libri e in quanto tali sono, come direbbe Borges, protesi della memoria negli scaffali confusi della nostra vita.

Quando vado in un museo voglio essere libero dalle indicazioni di guide professioniste che mi dicono quello che è bello e meno bello; voglio ascoltare le parole delle opere senza traduttori e senza interpreti. Solo dopo l'esperienza personale sento il bisogno di approfondire, di saperne di più e anche di conoscere le biografie degli artisti e il loro mondo. Io voglio vedere con la mia storia, il mio cervello, non con quello degli altri.

Vedere con le parole

Mi preme chiarire che riflettere sulla differenza tra guardare e vedere, come ho fatto fin qui, non voleva essere una bizzarra diversione dall'argomento principale che è la fuga dalla parola e dalla conversazione, le sue cause e le sue conseguenze sulle relazioni sociali e familiari. Le mie ambizioni sono più coraggiose o forse semplicemente provocatorie, e mirano a dimostrare che anche nell'atto del guardare può annidarsi, a parer mio, evidenza indiretta di fuga dalla parola. Nell'era della tecnologia digitale e della globalizzazione, comunicare e comunicare velocemente è divenuto un *must* dell'uomo moderno ed è sempre più limitato a pochi simboli che sembrano avere un significato più visivo che verbale. La comunicazione verbale viene considerata un mezzo di comunicazione lento e obsoleto, non completamente adeguato al mercato e alle necessità della vita moderna.

Il guardare rientra nelle valutazioni rapide della realtà, in quanto produce immagini non opportunamente vagliate dal cervello razionale, parenti strette dei tweet, WhatsApp, SMS, delle chat sui social che a parer mio sono pennellate usate per delineare un quadro rapido e approssimativo del reale, che può essere errato o fuorviante. La lettura di messaggi di questo tipo è parente stretta del guardare.

Al contrario, il vedere, inteso come analisi dell'informazione visiva nel contesto delle informazioni in memoria e delle altre funzioni cerebrali sensoriali e anche vegetative, si suppone fornisca un quadro più approfondito della realtà ed è parente di quello che si potrebbe trasmettere comunicando con il linguaggio e cioè il contenuto e l'interpretazione dell'informazione visiva. Dunque, mi appare corretto e di buon senso – se non altro come spunto alla riflessione – concludere che il vedere è parente del linguaggio, compresi i meccanismi cerebrali che ne stanno alla base.

Il cervello che cambia

Si dà per scontato che l'anatomia del cervello non sia cambiata nelle ultime centinaia di secoli: ciò si trova dichiarato in molti trattati e mai si pone l'ombra del dubbio su tale questione. Si afferma che il cervello sia stabile, che sia solo la cultura a cambiare e che sia questo evento a spiegare le diverse interpretazioni delle stesse immagini in epoche diverse. L'asserzione che il cervello non sia cambiato nei secoli, tuttavia, sarebbe vera, nel senso di scientificamente dimostrata, soltanto se si potesse paragonare la struttura macroscopica e microscopica dei cervelli delle varie generazioni, altrimenti tale asserzione risulta del tutto ipotetica e possibilmente errata.

Voglio argomentare che la struttura, e con essa la funzione del cervello, cambia nei secoli ma anche nelle diverse generazioni e perfino nel corso della vita di un individuo. È infatti ormai noto che un cambiamento dell'ambiente (cioè degli stimoli che afferiscono al cervello in un determinato tempo della vita di un animale o di un uomo) produce un cambiamento del funzionamento e anche della struttura del cervello al livello delle connessioni sinaptiche, grazie alle proprietà della plasticità cerebrale. Va chiarito che questi cambiamenti sono di tipo lamarckiano, cioè non vengono trasmessi di generazione in generazione, se non con la permanenza delle caratteristiche ambientali.

La cultura, vi piaccia o no, non si libra nell'aria, è semplicemente cervello. Se cambia l'una cambia anche l'altro ed è vero anche che se cambia il cervello, ad esempio per ragioni patologiche, cambia anche la sua interpretazione della cultura, dell'ambiente in cui vive. È utile e corretto ricordare che anche cambiare semplicemente idea non può che significare cambiare la funzione del cervello in maniera transitoria o anche permanente.

Il libero arbitrio, in termini neurologici, è proprio la libertà che l'evoluzione – o per i credenti, il Signore – ci ha dato di cambiare il funzionamento del nostro cervello, che particolarmente nei primi anni di vita è straordinariamente plastico, cioè soggetto a modifiche in funzione dell'esperienza.

Gli uomini di secoli diversi, ma forse anche di generazioni diverse, vedono in maniera differente semplicemente perché hanno un cervello differente, in quanto hanno avuto esperienze di vita differenti.

Se, per ipotesi, in un *Gedanken Experiment*, si facessero cadere sulla retina le medesime immagini in uomini di secoli o ambienti diversi, le percezioni di esse sarebbero diverse e in stretta relazione col tempo e con l'ambiente in cui vivevano.

Si potrebbe perfino azzardare che un fattore alla base dei ciclici conflitti generazionali tra padri, nonni, figli e nipoti stia proprio nella diversità dei cervelli tra giovani e vecchi, ed è mia opinione che questo fatto diventi particolarmente evidente ai giorni nostri, quando la globalizzazione e lo sviluppo straordinariamente veloce della tecnologia, in particolare delle comunicazioni, ha creato gap culturali e comportamentali tra generazioni vicine assai profondi. Inoltre non si deve trascurare che negli anziani, in aggiunta ai cambiamenti innescati dalla diversa cultura, hanno luogo quelli inesorabili prodotti dall'età.

Ovviamente quanto detto per il senso della vista può essere esteso agli altri sensi. Corrono entusiasti a mangiare kebab e sushi i ragazzini che le nonne avevano allevato a pastasciutta e bracioline.

Nell'epoca della globalizzazione, del consumismo e del mercato, in un quadro di spettatori distratti, le immagini servono per invitare a comprare e per convincere che il nuovo prodotto è indispensabile per non restare tecnologicamente indietro. Si nota spesso una confusione tra tecnologico e culturale, anche se verosimilmente le due parole hanno un'intersezione. La tecnologia è un sottoinsieme della cultura anche se spesso viziata dagli interessi del mercato. La comunicazione, in questo contesto, benché attraverso le immagini, è principalmente verbale e trasmette un messaggio unico: *compra e consuma*.

Individui che hanno avuto esperienze simili e che hanno quindi sviluppato cervelli simili tendono a fare gruppo, formando una tribù o una nazione; per questo, io credo che gli europei per la loro storia e per la loro cultura intrecciata e ampiamente condivisa – compresa la scuola i cui insegnamenti spesso affondano le loro radici nella stessa tradizione greco-latina – a buon diritto, aspirano a una nazione europea.

Dobbiamo tuttavia considerare che il cervello ha bisogno di tempo per ristrutturarsi, mentre i cambiamenti del villaggio, divenuto ormai globale, si susseguono con grande rapidità. Ciò è dovuto soprattutto al grande sviluppo della tecnologia delle comunicazioni e alla globalizzazione che ne è conseguenza; questi hanno valorizzato una maggiore rapidità del vivere, il pensiero lento ha ceduto il passo a quello rapido e sembra che gli individui non abbiano più tempo per ascoltare o riflettere, e preferiscano decidere, come se la rapidità fosse di per sé un valore economico, politico e comportamentale*: il vedere sta cedendo il passo al guardare, il pensare al credere, il conoscere alla sensazione, il cervello «della conoscenza» a quello «motorio»*. Il fare «non importa cosa» e il muoversi «non importa in che direzione» sono già di per sé desiderabili.

Conclusioni

Ho visto passeggiando un albero di mimosa, giallo al sole di inizio primavera, e mi sono venute alla mente le parole «bello», «cielo», «vita»; ho continuato la mia passeggiata e mi sono accorto che avevo trasformato la vista dell'albero di mimosa in parole. Ora l'albero non lo vedevo più, ma le parole che aveva suscitato me le portavo dietro, ed esse mi restituivano anche la vista dell'albero. Nella mia memoria esso era parole, il primo atto del mio vedere non era più il guardare, ma parole.

Ho ripensato al fatto che si vede con la nostra cultura, col nostro complicato io e che questo è fatto di parole. Ho pensato, o ripensato, che quando vado in un museo e qualcuno mi illustra il quadro e mi parla della vita dell'artista, io vedo il quadro in maniera diversa. Le parole mi hanno insegnato a vedere. Il grande magazzino del vedere è fatto di parole. Sono portato a pensare che chi ha più parole vede di più.

Le parole sono la mia memoria, la mia narrazione: io sono fatto di parole, magari silenziose; quel poco che so, sono parole, stringhe di eventi che ritornano nella loro sequenza non solo grammaticale e sintattica, ma nella logica razionale o irrazionale del ricordo, e mi rifanno il mondo e mi rinarrano. E d'altronde il miracolo dell'evoluzione ha generato le parole affinché l'uomo possa raccontare, così che al passare delle generazioni non vada perduto il patrimonio delle esperienze vissute. Che sarebbe l'uomo senza le parole?